Shaanxi Telecom Smart Home
Engineer Training Certification Teaching Material

陕西电信
智慧家庭工程师培训认证教材

● 中国电信陕西公司　编著

西安电子科技大学出版社

内 容 简 介

本书为陕西电信智慧家庭工程师的培训认证教材。全书包括"概述篇"、"基础知识篇"、"装维实操篇"、"智能组网篇"等四部分内容。书中系统地讲解了智慧家庭工程师所需的理论知识与实操经验。理论知识覆盖智慧家庭的内涵与发展、中国电信智慧家庭的产品与服务、计算机网络的基础知识、接入网技术与 IPTV 技术、家庭综合布线、工器具仪表的使用须知与安全生产注意事项等;实操经验包含 FTTx 各类应用场景及建设模式、FTTH 业务装维、IPTV 业务装维、天翼网关配置、常见户型智能组网方法、常用智能组网技术,以及智慧家庭组网经典案例解析等。

参与本书编写的作者是中国电信陕西公司多年从事通信网络运行维护的专业技术人员。本书融入了他们长期在一线从事通信网络运行维护和优化实践中积累的经验与心得,具有专业性和操作性强等特点,是通信行业网络运行维护人员的学习宝典。

图书在版编目(CIP)数据

陕西电信智慧家庭工程师培训认证教材/中国电信陕西公司编著. —西安:
西安电子科技大学出版社,2018.5
ISBN 978-7-5606-4932-0

Ⅰ. ① 陕⋯　Ⅱ. ① 中⋯　Ⅲ. ① 通信工业—教材　Ⅳ. ① TN91

中国版本图书馆 CIP 数据核字(2018)第 087227 号

策划编辑　高维岳　邵汉平
责任编辑　张　倩
出版发行　西安电子科技大学出版社(西安市太白南路 2 号)
电　　话　(029)88242885　88201467　　　　　邮　　编　710071
网　　址　//www.xduph.com　　　　　　　　　电子邮箱　xdupfxb001@163.com
经　　销　新华书店
印刷单位　陕西天意印务有限责任公司
版　　次　2018 年 5 月第 1 版　　2018 年 5 月第 1 次印刷
开　　本　787 毫米×1092 毫米　1/16　印　张　20
字　　数　375 千字
印　　数　1~6000 册
定　　价　58.00 元

ISBN 978 - 7 - 5606 - 4932 - 0/TN

XDUP 5234001-1

如有印装问题可调换

前　言

　　"智启未来，慧享生活"。随着物联网、云计算、移动互联网及大数据等新一代信息技术的迅速发展，人们不再只满足于移动智能终端的应用与普及，更对智慧家庭的生活理念提出新的需求。中国电信坚决贯彻落实党的"十九大"精神，致力于满足人民日益增长的美好生活需要，通过天翼网关、天翼高清机顶盒、智慧家庭 APP 三大入口，提供以百兆光宽、智能组网、天翼 4K 高清、家庭云、家庭视频通话、智能家居、智能音箱等业务为生态基础的智慧家庭整体解决方案。

　　从铜缆到光纤，技术的变革推动着宽带接入速率的大幅跃升，同时推动着装维服务方式的变革，传统的运营商宽带装维工程师需要转型为智慧家庭服务工程师。为推进人员转型工作，落实智慧家庭工程师五级培训认证工作，更好地服务客户，中国电信陕西公司组织相关人员编制了这本智慧家庭工程师装维服务培训教材。

　　本书结合专业基础知识、业务规则、服务规范、基层创新和实践经验编制而成。全书包括"概述篇"、"基础知识篇"、"装维实操篇"、"智能组网篇"等四部分内容。参与本书编写的作者是中国电信陕西公司多年从事通信网络运行维护的专业技术人员。本书融入了他们长期在一线从事通信网络运行维护和优化实践中积累的经验与心得。

　　本书的总策划和指导有：李延平、孙权生、张伟、辛公良、李智、李勇；主审和技术把关有：张伟、倪晓文、李亚先、李宛、鲁平玉、杭涛。在本书的编写过程中，中国电信陕西公司网络运行维护部组织多次审核及修订，参加技术审核的人员有：强楠、葛痕、张小辉、李明、李乐及陕西电信公司相关业务主管，屈海伟、严治海、向宾宝、刘亚斌、王恩杰、于岩峰、闫勇、张江峰、王再超、王瑜等同志提供了宝贵的内容和意见。

    本书由陕西通信规划设计研究院有限公司教材编写项目团队负责具体编写，主要负责人是吴春，主要编写人员有许心、张亦南、张行、李宁辉等。

    在此感谢所有关心和支持本书编写工作的领导和提供资料的相关人员。由于时间仓促、编者能力有限，书中难免有不足之处，恳请广大读者批评指正。

编 写 组

2017 年 12 月

目 录

陕西电信

智慧家庭工程师培训认证教材

第1章 概 述 篇

随着信息化技术的快速发展、网络技术的日益完善、可应用网络载体的日益丰富和大带宽室内网络入户战略的逐步推广，智慧化信息服务进家入户成为可能。用户通过电视机遥控器、手机等终端即可实现互动，方便快捷地享受到智能、舒适、高效与安全的家居生活。智慧家庭工程师也应运而生，走近了千家万户。

1.1 智慧家庭的定义、特征及意义

1.1.1 智慧家庭的定义

智慧家庭的概念由来已久，自 1984 年美国联合科技首次提出以来，智慧家庭经过了 30 多年的发展，但在市场上一直不温不火。近年来，随着我国物联网、信息技术的不断发展，数字家庭正逐步向智慧家庭方向演进。智慧家庭可以看作是智慧城市理念在家庭层面上的体现，是信息化技术在家庭环境中的应用落地。智慧家庭是智慧城市的重要组成部分，是数字家庭的发展和延伸，是广大人民群众信息消费水平提升的产物，也是数字家庭产业转型升级的必经之路。

近年来，随着"互联网+"技术的发展和应用，以互联网为载体的智能家居走入家庭，家庭用户对智慧家庭的期待和接受程度也越来越高。目前，智慧家庭也日趋规范化。2016 年 11 月 14 日，工信部、国家标准化管理委员会印发了《智慧家庭综合标准化体系建设指南》，对智慧家庭下了明确的定义：智慧家庭是基于新一代信息技术的智慧化家庭综合性服务平台，是家庭智能设备、物联网、高速信息网络和应用服务的有机融合。

从技术角度讲，智慧家庭以物联网、宽带网络为基础，依托移动互联网、云计算等新一代信息技术，实现服务的智能化提供，以及人与家庭设施的双向智能互动。智慧家庭可看作是信息技术在家庭环境中的应用落地。

从产品角度讲，智慧家庭以产品形态多样化、操作智能化和互联互通化为标志，产品横跨众多应用领域，是信息消费的最直接载体。按产品层次分，智慧家庭涵盖了基础软

硬件产品、组网设备、智能终端、智能家电、智能家居、集成平台和系统，以及作为各类应用服务人机接口的软件产品。

从服务角度讲，智慧家庭通过家庭内部、家庭与社区、家庭与社会的信息互联互通和智能控制，提供各类面向家庭的文化娱乐、生活消费和社区公益等综合应用服务，实现舒适、安全和便捷的家庭生活方式。

1.1.2　智慧家庭的特征

智慧家庭有以下显著特征：

(1) 家庭终端形态多样化。随着终端智能化进程的加速，家庭智能设备逐渐增多，形态更加多样。互联网电视/OTT 盒子、智能手机、智能路由器/网关、智能家电(空调、冰箱、空气净化器)、智能安防设备(视频监控、门窗传感器、燃气传感器)等，越来越成为家庭生活中必不可少的组成部分，也成为产业各方发力智慧家庭市场的"入口"。

(2) 家庭网络环境互联化。随着家庭智能设备越来越多，这些智能设备之间的互联成为家庭网络发展的关键。目前，家庭网络环境正由单一的外部网络接入向家庭内外部多设备场景下的组网互联发展。据 Informa Telecoms & Media(全球电信与媒体市场调研公司)统计，截至 2016 年，全球家庭内部连接性设备(包括移动设备、家电、家居设备等)已达到 18.3 亿，占家庭所有设备的比例提升至 33%。

(3) 家庭业务需求个性化。生活品质的提高使得家庭成员对家庭生活的舒适、便捷、智能提出了更高的要求。因此，以"家"为核心的各种家庭生活需求不断涌现，其中就包括对宽带网络、娱乐、教育、安全等的需求。多类型个性化的需求催生了大量的围绕家庭提供应用和服务的企业，逐步形成了智慧家庭的产业生态。

1.1.3　智慧家庭的意义

智慧家庭服务平台能给人们的生活带来全新的体验，能真正做到安全、便利、舒适、节能、智能，主要表现为：

(1) 实现政务服务、生活服务信息化。通过建立服务中心，依托数字电视机顶盒、个人手机等终端载体，实现政务服务、生活服务信息化，逐步实现智慧化。智慧家庭将人们的家庭生活和社会生活通过信息化手段有机联系并融合起来，达到"在家，世界触手可及；在外，家庭近在咫尺"的生活境界，提高人民群众的幸福感。

(2) 提升消费水平，推动人文生活进步。智慧家庭将技术、产品、应用、服务与社会、社区、家庭、个人等单元密切联系起来，体现出科技创新对于提升消费水平、推动人文生活进步的巨大力量。企业服务信息化可极大地方便人民群众的生活，提升人民群众的生活品质，增强人民群众的幸福感。

(3) 助力社会管理和公共服务实现智能化。伴随着改革开放和经济发展，我国的经济与社会结构都发生了重大的变化，消费结构也在转型升级。现在，我国正处于社会全面转型的关键时期，智慧家庭是创新社会管理和公共服务的有效手段，能较好地实现家庭单元和社区管理、社会管理的统筹发展。同时，随着医学的进步和人民生活品质的提高，人类寿命正在稳步延长，这将使人们停留在家中的时间越来越长，如何有效地应对老龄社会的到来，探索居家养老式服务模式，已成为当前比较急迫的社会问题。

(4) 扩大内需，推动产业结构转型升级。积极推动智慧家庭普及，是实现拓展内需、信息惠民综合发展目标的有力抓手和突破点。目前，各厂家智慧家庭服务平台的成功研发及市场化推广，还将带动智慧城市产业的发展，为芯片制造商、面板厂商、终端厂商、内容提供商、网络运营商等产业链参与者带来全新的发展机遇及空间。

1.2　智慧家庭的生态演进

智慧家庭产业主要经历了三个发展阶段：智慧家庭 1.0、智慧家庭 2.0 和智慧家庭 3.0。

1.2.1　智慧家庭 1.0：封闭小系统

第一代系统(封闭小系统)是从自动化控制、安防需求切入，通过 IT、IC 和综合布线技术将家中的各种设备连接到家庭信息管理平台的。这类系统是基于企业自由协议和技术的封闭系统，稳定性较好，更适合收入水平高、地广人稀的欧美地区以及对安防有需求的独栋别墅项目。但此系统布线繁琐复杂、安装施工要求高、成本高昂，品牌与品牌之间互不兼容，系统缺乏弹性与延展性，价格居高不下，难以大范围普及推广。

1.2.2　智慧家庭 2.0：开放式单品

2014 年，Google 斥资 32 亿美元收购 Nest，引爆智能硬件市场参与的热潮。然而，两年之后，Nest 负面新闻缠身，成为整个行业的阵痛缩影。同时，Amazon echo 成功从语音交互入手打动消费者，并引发国内企业的跟风，但从本质上看"产品+云平台+服务"才是构成智能硬件开放生态的核心价值所在。此外，智能门锁膨胀速度惊人，在 2015 年市面上仅有几十家品牌，而到 2016 年一下子就爆发了近千家智能锁品牌，产值达 80 亿，年增速超过 40%。

1.2.3 智慧家庭 3.0：全屋场景化

以海尔、美的为代表的智能家电企业，已经跳出了传统家电思维，将家电、智能硬件与食材配送、健康跟踪等生活需求结合，基于场景化思维，以人为中心设计，多品牌多设备灵活兼容，技术实现对用户隐藏，用户体验到的只是服务的全面和周到，而不是技术的高深和繁复。但开放系统稳定性、多设备连通型服务产品的打造、产品安装与维护维修、家庭生活服务运营都是企业需要跨越的门槛。

1.3 智慧家庭的典型应用、相关认证评价及未来的发展趋势

1.3.1 智慧家庭的典型应用

智慧家庭的典型应用主要包括健康管理、居家养老、信息服务、互动教育、智能家居、能源管理、社区服务和家庭安防等 8 个方面，如图 1-1 所示。

图 1-1 智慧家庭的典型应用

1.3.2　智慧家庭的相关认证评价

智慧家庭的发展伴随着众多技术的推动，其中很多产品需要技术完成认证后才能上市。本书研究智慧家庭需要进行的认证评价内容，为智慧家庭的研究开发提供参考依据。

智慧家庭产品上市前，需要终端完成的认证有 3C 认证、入网认证、Wi-Fi 认证、HDMI 认证、USB 认证、DLNA 认证、蓝牙认证等。3C 认证、入网认证是基础性认证，可保障智慧家庭产品的安全使用；Wi-Fi、HDMI、USB、DLNA、蓝牙认证等属于技术符合性认证，可用于规范终端的性能。

1.3.3　智慧家庭未来的发展趋势

随着我国物联网、信息技术的不断发展，以及智慧城市建设如火如荼的开展，智慧家庭的产品及应用正在逐步被消费者接受和使用。智慧家庭实现的硬件基础是以智能终端为主的消费类电子产品。智慧家庭以物联网、宽带网、移动互联网为基础，依托云计算、大数据等新一代信息技术，构建安全、舒适、便利、智能、温馨的居家环境。智慧家庭未来的发展趋势如下：

(1) 消费电子产品智能普及化。随着网络技术在智慧家庭中的普及、传感器技术的进步，以及嵌入式芯片计算能力的大幅提高、体积更加小巧，智慧家庭中的消费电子产品将呈现出智能普及化的趋势。各种传感器、信息设备、互联网服务将不再是传统智能终端产品的专享，普通家电依靠小型化的智能控制芯片，将实现对周围环境的感知、对使用者指令的接收，以及对各类情境数据进行存储、建模、推理及分析，并且能通过家庭宽带网络、移动互联网、物联网等技术实现互联互通、协同服务，最大限度地方便用户的使用，并形成了各种创新产品和应用模式。智能电冰箱、智能洗衣机、智能空调等智能化家电产品将为智慧家庭服务的创新提供新的载体。

(2) 产品网络普及化、控制云端化。智慧家庭技术已全面进入网络化的发展阶段。智慧家庭中的网络连接技术将呈现出多样化、宽带化、融合化的发展趋势。家庭内部布线技术包括以太网、Wi-Fi、PLC、Bluetooth、UWB、ZigBee 等，通过家庭内部布线技术将能够构建出一个覆盖各种应用场景需求的完整家庭内部网络，突破设备间彼此独立的传统模式，完成智慧家庭设备的互联互通。通过各种宽带接入技术包括 xDSL、PON、3G、WiMAX，Cable Modem 等，将各种公共网络服务及内容引入智慧家庭，使得智慧家庭终端可以轻易连接到云端，通过互联网和云端服务器，实现远程的信息获取和指令传输，消除家庭和人之间的物理距离藩篱，随时建立沟通与联系。

(3) 互联网模式升级推动传统企业加快自身转型。互联网企业强化了智慧家庭领域发展的优势，使得智慧家庭在市场开拓、资源整合和用户体验方面继续发挥自身特点。互联网企业运用线上方式展开营销活动，极大地压缩了渠道运营成本；使用的硬件价格偏低，以提供内容服务和开展增值业务为主，延伸了终端价值链，对传统企业造成巨大冲击。面对互联网模式的快速冲击，传统企业被迫加快自身转型。

当前，我国已把"智慧家庭"产业确定为重点发展的战略性新兴产业。智慧家庭不仅是落实供给侧改革和消费结构升级的重要途径，也是加快信息消费和构建智慧城市的主要手段。在推进智慧家庭产业发展过程中，必将带来新的动能转换，即以产品、技术驱动转换到以产品、应用和服务三位一体协同驱动。这其中很重要的变化就是要以用户为中心，以家庭场景化需求的痛点为突破口。因此，"智慧家庭"服务业越来越重要，它不仅是"智慧家庭"产业不可分离的重要组成部分，更是推动"智慧家庭"产业发展的新动能。

1.4　中国电信智慧家庭的发展

1.4.1　中国电信智慧家庭生态圈

中国电信智慧家庭是以智能机顶盒、智能网关为生态切入点，以 e-Link 协议为纽带，以能力开放平台体系为引擎，以智慧家庭产业联盟为窗口，以产业投资为催化剂，经资源整合，构建而成的智慧家庭生态圈，如图 1-2 所示。

中国电信智慧家庭生态圈的发展理念是：做强拳头产品，聚合合作伙伴，拓展共赢生态，创新商业模式，形成新的收入增长点，引领智慧家庭产业发展，打造核心竞争力和领先优势。

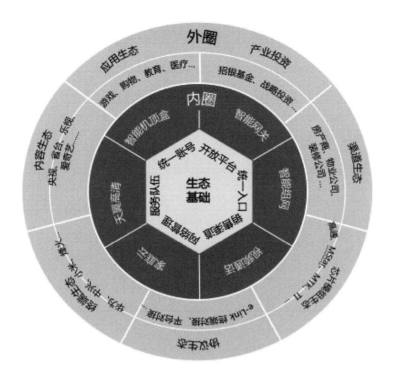

图 1-2　中国电信智慧家庭生态圈

目前，智能家居仍处于启动期，当前可进行基础方案研究、试点平台合作及精品引入，市场规模启动后可依托智慧家庭生态体系快速切入市场，中国电信智慧家庭生态构建策略如图 1-3 所示。

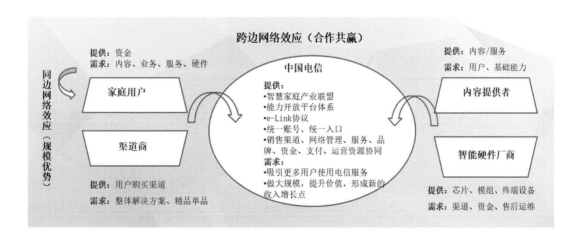

图 1-3　中国电信智慧家庭生态构建策略

1.4.2 中国电信智慧家庭主要产品

中国电信智慧家庭产品，是指基于电信特点形成的两类基础和多种扩展产品的组合。中国电信智慧家庭产品的主要内容如下：

(1) 核心终端：天翼网关、天翼高清机顶盒；

(2) 核心业务：百兆宽带、Wi-Fi；

(3) 核心能力：天翼高清、家庭云、视频通话、智能组网；

(4) 扩展应用：家庭安防+智能家居+其他智能外设等。

1.4.3 中国电信智能家居平台

中国电信着重打造智能家居平台四方面的开放能力，整合天翼高清、智能家居、语音操控等客户端，形成统一的智慧家庭客户端，打造统一的智慧家庭控制入口，依托智能家居开放平台，打造新的商业模式。

智能家居平台四方面的开放能力如下：

(1) 技术标准开放：e-Link 协议；

(2) 平台接入开放：多种接入形式；

(3) 语音能力开放：统一的语音操控能力；

(4) 数据能力开放：提升业务变现能力。

1.5　智慧家庭工程师

电信运营商一直以来都很重视用户的服务需求，从最早的电脑保姆，到后来的手机保姆，再到宽带上门装维，现在延伸到智慧家庭智能组网的业务，其本质一直都是为用户做好服务。电信运营商通过对装维技能的转型、服务能力的提升，帮助解决用户家庭网络当前所面临的问题。同时，通过诸多家庭场景化设计，让智能组网成为智慧家庭的敲门砖，在一对一的定制化服务中，让用户更直观地了解智慧家庭的便利性。

1.5.1 智慧家庭工程师的由来

智慧家庭工程师是由传统电信宽带装维人员变身而来,可以为广大用户带来全新的服务体验。

中国电信转型战略 3.0 提出推进网络智能化,要满足用户随需接入、自动响应、逼真体验、高性价比的智能化信息服务需求。从铜缆到光纤,宽带接入网络基于完全不同的两代技术,由此带来的不仅是宽带接入速率的大幅提升,也带来装维方式的彻底变革。随着全光网的建设、网络智能化的推进,装维服务水平正成为运营商的核心服务能力之一。装维服务水平提高的具体表现如下:

(1) 装机最快 15 分钟。全光网意味着全程实现光纤连接,语音、视频、数据等业务均由一根光纤提供。以前,由于装维人员缺乏光网专业知识,宽带安装和故障查修效率较低。随着全光网的普及和持续培训,如今的智慧家庭工程师不仅具备大量的互联网、数据 IP 网、光接入网等方面的知识,还能熟练掌握光纤热熔机等精细工具、仪表的操作,光宽带装机时间从过去的半天缩短到最快 15 分钟,大幅度提高了装机服务的效率和用户的满意度。

(2) 用户故障一键诊断。通过光宽带和天翼高清故障诊断测试功能,智慧家庭工程师在网上输入用户电话号码、宽带账号等,即可快速、准确定位故障点,判断是用户终端光猫或电脑故障,还是网络线路或平台故障,并且能直接通过图标形象展现故障诊断定位结果,极大地提升了故障处理效率,缩短了障碍历时。

(3) 智能组网彰显个性。中国电信智慧家庭工程师不仅负责宽带装维,还能承担天翼智能组网的装维调测和使用培训。天翼智能组网是一项专门提升家庭宽带无线网络质量的服务,包括室内综合布线、Wi-Fi 部署、家庭安防等信息化应用,可以满足用户的个性化需求。

(4) 提供规范化上门服务。中国电信智慧家庭工程师上门服务,严格执行"五个一"服务规范,在为用户提供优质、高效的装维服务的同时,还可满足各种业务需求。工程师可通过手机 APP"电小二"直接派单,用户无需去营业厅,即可办理业务。

1.5.2 智慧家庭工程师的定义

智慧家庭工程师是为用户提供包括家庭组网设计、Wi-Fi 覆盖及质量优化、设备安装调测、日常维护等内容的"智慧到家"高端服务的服务人员。智慧家庭工程师是提供智慧家庭组网服务的关键所在,也是沟通运营商和用户之间的桥头堡;不仅能提供更优的网络服务,还能通过智能组网的诸多家庭场景化设计,引导用户更好地享受智慧家庭的便利。

1.5.3 智慧家庭工程师的服务特点

智慧家庭工程师服务的内容包括:需求沟通、环境评测、组网设计、组网部署和测试验收等多个阶段,解决了家庭网络中 Wi-Fi 信号分布不均、组网线路杂乱等问题。其服务有三个特点:

(1) 预约上门。智慧家庭工程师会和用户进行面对面沟通,用专业的可视化工具进行现场勘测,找到问题根源,并为用户详细介绍施工方案部署流程。

(2) 一房一案,私人订制服务。智慧家庭工程师将根据用户的户型和实地勘测情况的不同,有针对性地设计组网优化方案,并为用户详细说明优化过程中的问题和优化后的使用方法。

(3) 全方位测试,保证 Wi-Fi 无死角。施工结束后,智慧家庭工程师采用专业工具进行测试,确保屋内信号可全部覆盖,达到全屋高速传输的结果,还会给用户相应的测试报告。

目前,虽然智慧家庭工程师在数量上已有了明显的上升,但从业务发展来看,智慧家庭工程师数量远远不能满足业务不断上升的需求。

当前,中国电信各地方仍在不断选拔更多优秀的装维人员转型成为智慧家庭工程师,至 2017 年底,中国电信的智慧家庭工程师已超过 10 万。他们将担负起为用户的智慧家庭生活铺平道路的职责。

1.5.4 智慧家庭工程师的基本要求

1) 职业道德

通信行业的工作性质、社会责任、服务对象和服务手段不同,决定了它对职业道德规范有不同的要求。概括地说,通信行业职业道德规范就是通信行业员工在长期的工作实践中,在履行国家所赋予的社会职能活动中,逐步形成的体现通信行业特点和保证通信质量，维护和提高企业信誉而共同遵循的行为规范。这种规范就是通信行业工作人员在职业活动中正确处理各种关系的行为准则。

通信行业职业道德规范有以下几点：

(1) 尽职：热爱通信事业，忠于本职工作；

(2) 尽责：坚守通信岗位，确保通信畅通；

(3) 创新：保证通信质量，精通业务技术；

(4) 守纪：遵守通信纪律，保守通信秘密；

(5) 协作：全程全网，全国一盘棋，全网一条心；

(6) 为民：急客户所急，帮客户所需；

(7) 文明：文明生产，礼貌待人；

(8) 廉洁：克己奉公，廉洁自律。

通信行业职业守则有以下几点：

(1) 敬业爱岗，忠于本职工作；

(2) 礼貌待人，尊重客户，服务周到；

(3) 遵守通信纪律，保证通信网络运行安全；

(4) 诚实守信，讲求信誉，维护企业与客户的正当利益；

(5) 遵章守纪，安全生产；

(6) 团结协作，相互配合，文明和谐。

2) 基础知识

通信行业工作人员应有的基本知识：

(1) 接入网基础理论；

(2) 计算机和计算机网络基础知识；

(3) 以太网技术；

(4) 光纤通信基础知识。

3) 智慧家庭组网的相关知识

通信行业工作人员应有的智慧家庭组网的相关知识：

(1) 基本服务产品知识；

(2) 智慧家庭组网常用设备；

(3) 智慧家庭组网常用技术；

(4) 智慧家庭组网方案实例。

4) 客户服务

通信行业工作人员应遵守的客户服务标准：

(1) 中国电信全业务客户服务标准；

(2) 中国电信接入型业务客户端装维规范；

(3) 中国电信宽带专项业务服务标准。

5) 相关法律、企业规章制度知识

通信行业工作人员应具有的相关法律、企业规章制度知识：

(1)《中华人民共和国劳动法》的相关知识；

(2)《中华人民共和国安全生产法》的相关知识；

(3)《中华人民共和国劳动合同法》的相关知识；

(4)《中华人民共和国消费者权益保护法》的相关知识；

(5)《中华人民共和国电信条例》的相关知识；

(6) 劳动纪律、岗位规范、安全操作规程等企业相关规章制度。

1.6　智能物联网简介

智能物联网是新一代信息技术的重要组成部分，也是"信息化"时代的重要发展阶段。顾名思义，智能物联网就是物物相连的互联网。这有两层意思：其一，核心和基础仍然是互联网，是在互联网基础上的延伸和扩展的网络；其二，其客户端延伸和扩展到了任何物品与物品之间，进行信息交换和通信，也就是物物相息。智能物联网通过智能感知、识别技术与普适计算等通信感知技术，广泛应用于网络的融合中，也因此被称为继计算机、互联网之后的世界信息产业发展的第三次浪潮。智能物联网是互联网的应用拓展，与其说智能物联网是网络，不如说智能物联网是业务和应用。因此，应用创新是智能物联网发展的核心，以用户体验为核心的创新是智能物联网发展的灵魂。

智能物联网较为准确的定义是：利用局域网或互联网等通信技术把传感器、控制器、机器、人员和物品等通过新的方式连在一起，形成人与物、物与物相连，实现信息化、远程管理控制和智能化的网络。

智能物联网是互联网的延伸，它包括互联网及互联网上所有的资源，能兼容互联网所有的应用，但智能物联网中所有的元素(所有的设备、资源及通信等)都是个性化和私有化的。

和传统的互联网相比，智能物联网有其鲜明的特征，具体如下：

首先，它是各种感知技术的广泛应用。智能物联网上部署了海量的多种类型的传感器，每个传感器都是一个信息源，不同类别的传感器所捕获的信息内容和信息格式不同，并且传感器所获得的数据具有实时性，它能按一定的频率周期采集环境信息，不断更新数据。

其次，它是一种建立在互联网上的泛在网络。物联网技术的重要基础和核心仍旧是互联网，通过各种有线和无线网络与互联网融合，将物体的信息实时准确地传递出去。在智能物联网上的传感器定时采集的信息需要通过网络传输，由于其数量极其庞大，形成了海量信息，故在传输过程中，为了保障数据的正确性和及时性，必须适应各种异构网络和协议。

最后，智能物联网不仅提供了传感器的连接，其本身还具有智能处理的能力，能够对物体实施智能控制。智能物联网可将传感器和智能处理相结合，利用云计算、模式识别等各种智能技术，扩充其应用领域；还可从传感器获得的海量信息中分析、加工和处理出有意义的数据，以适应不同用户的不同需求，发现新的应用领域和应用模式。

从技术架构上看，智能物联网可分为三层：感知层、网络层和应用层。

感知层由各种传感器以及传感器网关构成，包括二氧化碳浓度传感器、温度传感器、湿度传感器、二维码标签、RFID 标签、读写器、摄像头、GPS 等感知终端。感知层的作用相当于人的眼耳鼻喉和皮肤等神经末梢，它是智能物联网识别物体、采集信息的来源，其主要功能是识别物体，采集信息。

网络层由各种私有网络、互联网、有线和无线通信网、网络管理系统、云计算平台等组成，它相当于人的神经中枢和大脑，负责传递和处理感知层获取的信息。

应用层是智能物联网和用户(包括人、组织和其他系统)的接口，它与行业需求结合，实现了智能物联网的智能应用。

智能物联网的行业特性主要体现在其应用领域内，绿色农业、工业监控、公共安全、城市管理、远程医疗、智能家居、智能交通和环境监测等各个行业均有智能物联网应用的尝试。

国际电信联盟曾描绘"智能物联网"时代的图景：当司机出现操作失误时，汽车会自动报警；公文包会提醒主人忘带了什么东西；衣服会"告诉"洗衣机对颜色和水温的要求等。更为具体的如智能物联网在物流领域内的应用图景：一家物流公司应用了智能物联网系统的货车，当装载超重时，汽车会自动告诉你超载了，并且超载多少，若空间还有剩余，则告诉你轻重货怎样搭配；当搬运人员卸货时，一只货物包装可能会大叫"你扔疼我了"，或者说"亲爱的，请你不要太野蛮，可以吗？"；当司机在和别人闲谈时，货车会装作老板的声音怒吼"该发车了"！

陕西电信

智慧家庭工程师培训认证教材

第2章 基础知识篇

本章详细讲解了智慧家庭工程师在实际工作中所应具备的基础知识，主要有网络基础知识、接入网技术、IPTV 技术、家庭综合布线、工器具仪表及安全生产等方面的内容。

2.1 网络基础知识

2.1.1 计算机网络的发展

现如今，计算机网络技术已经和计算机技术本身一样精彩纷呈，普及到人们的生活和商业活动中，对社会各个领域产生了广泛而深远的影响。在此之前，计算机网络的发展经历了早期的计算机通信、分组交换网络、以太网再到 Internet 的四个阶段。

1) 早期的计算机通信

在 PC 计算机出现之前，计算机的体系架构是一台具有计算能力的计算机主机挂接多台终端设备。终端设备没有数据处理的能力，只提供键盘和显示器，用于将程序和数据输入给计算机主机和从主机获得计算结果。计算机主机分时、轮流地为各个终端执行计算任务。这种计算机主机与终端之间的数据传输，就是早期的计算机通信，如图 2-1 所示。

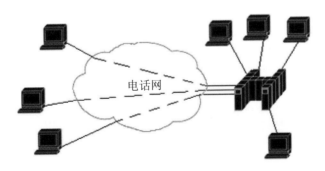

图 2-1　早期的计算机通信

尽管有的应用中计算机主机与终端之间采用电话线路连接，距离可以达到数百公里，但是，在这种体系架构下构成的计算机终端与主机的通信网络，仅仅是为了实现人与计算机之间的对话，并不是真实意义上的计算机与计算机之间的网络通信。

2) 分组交换网络

一直到 1964 年美国 Rand 公司的 Baran 提出了"存储转发"和 1966 年英国国家物理实验室的 Davies 提出了"分组交换"的方法，独立于电话网络的、实用的计算机网络才开始了真正的发展。

分组交换的概念是将整块的待发送数据划分为一个个更小的数据段，在每个数据段前面安装上报头，构成一个个的数据分组(Packet)。每个 Packet 的报头中存放有目标计算机的地址和报文包的序号，网络中的交换机根据这个地址决定数据向哪个方向转发。在这种概念下，由传输线路、交换设备和通信计算机建设起来的网络，被称为分组交换网络，如图 2-2 所示。

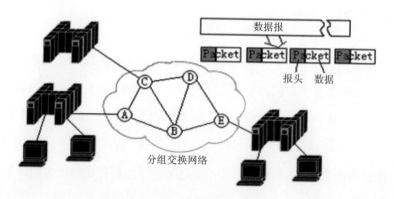

图 2-2   分组交换网络

分组交换网络是计算机通信脱离电话通信线路交换模式的里程碑。电话通信线路交换模式下，在通信之前，需要先通过用户的呼叫(拨号)，由网络为本次通信建立线路。这种通信方式不适合计算机数据通信的突发性、密集性的特点。而分组交换网络则不需要建立通信线路，数据可以随时以分组的形式发送到网络中。分组交换网络的关键在于每个数据报(分组)的报头中都有目标主机的地址，网络交换设备根据这个地址就可以随时为单个数据报提供转发，将其沿正确的路线送往目标主机。

到今天，现代计算机网络的以太网、帧中继、Internet 都是分组交换网。

3) 以太网

以太网目前在全球的局域网技术中占有支配地位。以太网的研究起始于 1970 年早期的夏威夷大学，目的是要解决多台计算机同时使用同一传输介质而相互之间产生干扰的问题。夏威夷大学的研究结果奠定了以太网共享传输介质的技术基础，形成了享有盛名的 CSMA/CD 方法。

以太网的 CSMA/CD 方法是在一台计算机需要使用共享传输介质通信时，先侦听该共享传输介质是否已经被占用，当共享传输介质空闲的时候，计算机就可以抢用该介质进行通信。所以又称CSMA/CD 方法为总线争用方法，以太网如图 2-3 所示。

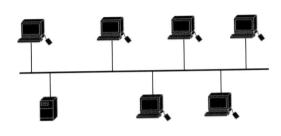

图 2-3　以太网

4）Internet

Internet 是全球规模最大、应用最广的计算机网络。它是由院校、企业、政府的局域网自发地加入而发展壮大起来的超级网络，连接有数千万台的计算机和服务器。通过在 Internet 上发布商业信息、学术信息、政府和企业的信息，以及新闻和娱乐节目，人们的工作方式和生活方式发生了极大的改变。

Internet 的前身是 1969 年问世的美国 ARPANET。到了 1983 年，ARPANET 已连接超过三百台计算机。1984 年，ARPANET 被分解为两个网络，一个用于民用，仍然称 ARPANET，另外一个用于军用，称为 MILNET。美国国家科学基金组织 NSF 从 1985 年到 1990 年间建设了由主干网、地区网和校园网组成的三级网络，称为 NSFNET，并与 ARPANET 相连。到了 1990 年，NSFNET 和 ARPANET 合在一起改名为 Internet。随后，Internet 上计算机接入的数目与日俱增。为进一步扩大 Internet，美国政府将 Internet 的主干网交由非私营公司经营，并开始对 Internet 上的传输收费，Internet 得到了迅猛发展。

我国于 1994 年 4 月完成 NCFC(中国国家计算与网络设施)与 Internet 的接入。由中国科学院主持，联合北京大学和清华大学共同完成的 NCFC 是一个在北京中关村地区建设的超级计算中心。NCFC 通过光缆将中科院中关村地区的三十多个研究所及清华、北大两所高校连接起来，形成 NCFC 的计算机网络。到 1994 年 5 月，NCFC 已连接了 150 多个以太网，3000 多台计算机。

我国的商业 Internet——中国因特网 ChinaNet——由中国电信和中国网通始建于 1995 年。ChinaNet 通过美国 MCI 公司、Global One 公司、新加坡 Telecom 公司、日本 KDD 公司与国际 Internet 连接。目前，ChinaNet 骨干网已经遍布全国 31 个省、市、自治区，干线速度达到数十吉比特每秒，成为国际 Internet 的重要组成部分。

Internet 已经成为世界上规模最大和增长速度最快的计算机网络，没有人能够准确说出 Internet 具体有多大。到现在，Internet 的概念，已经不仅仅指所提供的计算机通信链路，而且还指参与其中的服务器所提供的信息和服务资源。计算机通信链路、信息和服务资源，一起组成了现代 Internet 的体系结构。

2.1.2　计算机网络的组成

计算机网络由负责传输数据的网络传输介质、网络交换设备、网络互联设备、网络终端与服务器，以及网络操作系统所组成，如图 2-4 所示。

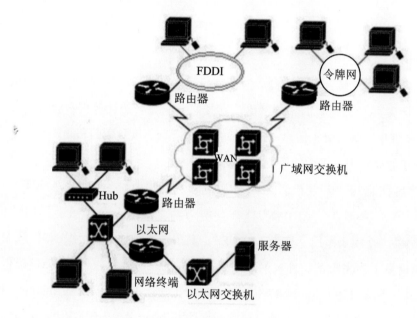

图 2-4　计算机网络的组成

1) 网络传输介质

网络传输介质主要有 4 种：双绞线电缆、光纤、微波、同轴电缆。在局域网中的主要传输介质是双绞线电缆，这是一种不同于电话线的 8 芯电缆，具有传输速率 1000 Mb/s 的特性。光纤在局域网中多承担干线部分的数据传输。使用微波的无线局域网由于其灵活性而逐渐被普及。早期的局域网中使用网络同轴电缆，从 1995 年开始，网络同轴电缆逐渐被淘汰，已不在局域网中使用了。但由于 Cable Modem 的使用，电视同轴电缆还在充当 Internet 连接的其中一种传输介质。

2) 网络交换设备

网络交换设备是把计算机连接在一起的基本网络设备。计算机之间的数据报通过交换机转发，因此，计算机要连接到局域网中，必须首先连接到交换机上。不同种类的网络使用不同的交换机，常见的有以太网交换机、ATM 交换机、帧中继网的帧中继交换机、令牌网交换机、FDDI 交换机等。

可以使用称为 Hub 的网络集线器替代交换机。Hub 的价格低廉，但会消耗大量的网络带宽资源。由于局域网交换机的价格已经下降到低于 PC 计算机的价格，所以正式的网络已经不再使用 Hub。

3) 网络互联设备

网络互联设备主要是指路由器。路由器是连接网络的必需设备，可在网络之间转发数据报。

路由器不仅提供同类网络之间的互相连接，还提供不同网络之间的通信。比如，局域网与广域网的连接、以太网与帧中继网的连接等。

在广域网与局域网连接中，调制解调器也是一个重要的设备。调制解调器用于将数字信号调制成频率带宽更窄的信号，以便适于广域网的频率带宽。最常见的是使用电话网络或有线电视网络接入互联网。

中继器是一个延长网络电缆和光缆的设备，对衰减了的信号能起再生作用。网桥是一个被淘汰了的网络产品，原来用来改善网络带宽拥挤。现交换机能同时完成网桥需要完成的功能，故交换机的普及使用是终结网桥使命的直接原因。

4) 网络终端与服务器

网络终端也称网络工作站，包括使用网络的计算机、网络打印机等。在客户机/服务器网络中，客户机就是网络终端。

服务器是被网络终端访问的计算机系统，通常是一台高性能的计算机。例如，大型机、小型机、Unix 工作站和服务器 PC 机，安装上服务器软件后便构成网络服务器，分别被称为大型机服务器、小型机服务器、Unix 工作站服务器和 PC 机服务器。

服务器是计算机网络的核心设备。网络中可共享的资源，如数据库、大容量磁盘、外部设备和多媒体节目等，通过服务器提供给网络终端。服务器按照可提供的服务可分为文件服务器、数据库服务器、打印服务器、Web 服务器、电子邮件服务器、代理服务器等。

5) 网络操作系统

网络操作系统是安装在网络终端和服务器上的软件。网络操作系统完成的数据发送和接收所需要的工作有数据分组、报文封装、建立连接、流量控制、出错重发等。现代的网络操作系统都是随计算机操作系统一同开发的，网络操作系统是现代计算机操作系统的一个重要组成部分。

2.1.3 计算机网络的分类

对计算机网络的分类可以从不同的角度进行，学习并理解计算机网络的分类，有助于我们更好地理解计算机网络。

1) 根据计算机网络覆盖的地理范围分类

按照计算机网络所覆盖的地理范围的大小进行分类，计算机网络可分为：局域网、城域网和广域网。

局域网(LAN)的覆盖范围一般在方圆几十米到几公里。典型的是一个办公室、一个办公楼、一个园区范围内的网络。

当网络的覆盖范围达到一个城市的大小时，被称为城域网。网络覆盖到多个城市甚至全球的时候，就属于广域网的范畴了。我国著名的公共广域网是 ChinaNet、ChinaPAC、ChinaFrame、ChinaDDN 等。

大型企业、院校、政府机关通过租用公共广域网的线路，可以构成自己的广域网。

2) 根据网络拓扑结构分类

网络拓扑结构描述网络中由网络终端、网络设备组成的网络结点之间的几何关系，反映出网络设备之间以及网络终端是如何连接的。

网络按照拓扑结构划分为：总线型拓扑结构、环型拓扑结构、星型拓扑结构、树型拓扑结构和网状拓扑结构，如图 2-5 所示。

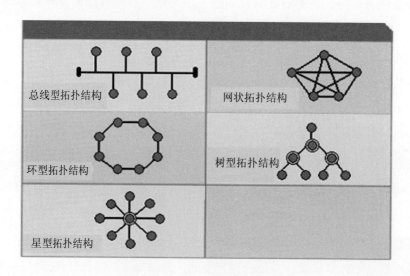

图 2-5 计算机网络的拓扑结构

总线型拓扑结构是早期同轴电缆以太网中网络结点的连接方式，网络中各个结点挂接到一条总线上，这种物理连接方式已经淘汰。

在环型拓扑结构的网络中，通信线路沿各个结点连接成一个闭环。数据传输经过中间结点的转发，最终可以到达目的结点。这种通信方法的最大缺点是通信效率低。

星型拓扑结构是现代以太网的物理连接方式。在这种结构下，以中心网络设备为核心，与其他网络设备以星型方式连接，最外端是网络终端设备。星型拓扑结构的优势是连接路径短，易连接、易管理，传输效率高。这种结构的缺点是中心结点需要具有很高的可靠性和冗余度。

树型拓扑结构的网络层次清晰，易扩展，是目前多数校园网和企业网使用的结构。这种结构的缺点是根结点的可靠性要求很高。

使用网状拓扑结构构造的网络可靠性最高。在这种结构下，每个结点都有多条链路与网络相连，高密度的冗余链路使一条甚至几条链路出现故障，网络仍然能够正常工作。网状拓扑结构的缺点是成本高，结构复杂，管理维护相对困难。

2.1.4 网络协议与标准

最知名的网络协议就是 TCP/IP 协议了。事实上，TCP/IP 协议是一个协议集，它由很多协议组成。TCP 和 IP 是这个协议集中的两个协议，TCP/IP 协议是用这两个协议来命名的。

TCP/IP 协议中的每一个协议涉及的功能，都用程序来实现。TCP 协议和 IP 协议有对应的 TCP 程序和 IP 程序。TCP 协议规定了 TCP 程序需要完成的功能，完成这些功能的方法，以及 TCP 程序所涉及的数据格式。

根据 TCP 协议，我们了解到网络协议是一个约定，该约定规定了：

(1) 实现这个协议的程序要完成什么功能；

(2) 如何完成这个功能；

(3) 实现这个功能需要的通信报文包的格式。

为了完成计算机网络通信，实现网络通信的软硬件就需要完成一系列功能。例如，为数据封装地址，对出错数据进行重发，当接收主机无法承受时对发送主机的发送速度进行控制等。每一个功能的实现都需要设计出相应的协议，这样，各个生产厂家就可以根据协议开发出能够互相通用的网络软硬件产品。

ISO 发布了著名的开放系统互连参考模型(Open System Interconnection Reference

Model)，简称 OSI 模型。OSI 模型详细规定了网络需要实现的功能、实现这些功能的方法，以及通信报文包的格式。每个厂家的各种其他协议的制订者，在开发自己的协议时都要参考 ISO 的 OSI 模型，并在 OSI 模型中能够找到对应的位置。

1) TCP/IP协议

TCP/IP 协议是互联网中使用的协议，现在几乎成了 Windows、Unix、Linux 等操作系统中唯一的网络协议了(微软似乎也在放弃它自己的 NetBEUI 协议)。也就是说，没有一个操作系统按照 OSI 协议的规定编写自己的网络系统软件，而都编写了 TCP/IP 协议要求编写的所有程序。

我们在图 2-6 中列出了 OSI 模型和 TCP/IP 协议各层的名字。TCP/IP 协议是一个协议集，它由十几个协议组成。从名字上我们已经看到了其中的两个协议：TCP 协议和 IP 协议。图 2-7 所示是 TCP/IP 协议中各个协议之间的关系。

图 2-6　TCP/IP 协议与 OSI 模型的对比

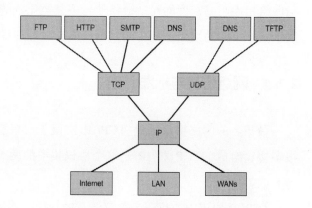

图 2-7　TCP/IP 协议中的各个协议之间的关系

主要的 TCP/IP 协议有：

① 应用层的有：FTP、TFTP、HTTP、SMTP、POP3、SNMP、DNS、Telnet；

② 传输层的有：TCP、UDP；

③ 网络层的有：IP、ARP(地址解析协议)、RARP(逆向地址解析协议)、DHCP(动态IP 地址分配协议)、ICMP(Internet Control Message Protocol，Internet 控制报文协议)、RIP、IGRP、OSPF(属于路由协议)。

(1) 应用层协议。

TCP/IP 的主要应用层协议有：FTP、TFTP、SMTP、POP3、Telnet、DNS、SNMP、NFS。这些协议的功能其实从其名称上就可以看到。

FTP：文件传输协议，用于主机之间的文件交换。FTP 使用 TCP 协议进行数据传输，是一个可靠的、面向连接的文件传输协议。FTP 支持二进制文件和 ASCII 文件。

TFTP：简单文件传输协议。它比 FTP 简易，是一个面向无连接的协议，使用 UDP 进行传输，因此传输速度更快。该协议多用在局域网中，交换机和路由器这样的网络设备使用它把自己的配置文件传输到主机上。

SMTP：简单邮件传输协议。

POP3：这也是个邮件传输协议，本不属于 TCP/IP 协议。POP3 比 SMTP 更科学，微软等公司在编写操作系统的网络部分时，也在应用层编写了相应的程序。

Telnet：远程终端仿真协议。Telnet 可以使一台主机远程登录到其他机器，成为那台远程主机的显示和键盘终端。由于交换机和路由器等网络设备都没有自己的显示器和键盘，为了对它们进行配置，就需要使用 Telnet。

DNS：域名解析协议。能根据域名，解析出对应的 IP 地址。

SNMP：简单网络管理协议。网管工作站搜集和了解网络中交换机、路由器等设备的工作状态所使用的协议。

NFS：网络文件系统协议。可允许网络上其他主机共享某机器目录的协议。

(2) 传输层协议。

传输层是 TCP/IP 协议中协议最少的一层，只有两个协议：传输控制协议 TCP 和用户数据报协议 UDP。

TCP 协议要完成 5 个主要功能：端口地址寻址，连接的建立、维护与拆除，流量控制，出错重发，数据分段。

UDP 协议只保留了 TCP 协议中端口地址寻址和数据分段两个功能。

UDP 通过牺牲可靠性换得通信效率的提高。对于那些数据可靠性要求不高的数据传输，可以使用 UDP 协议来完成。例如，DNS、SNMP、TFTP、DHCP。

TCP 是一个面向连接的、可靠的传输，UDP 是一个面向无连接的、简易的传输。

(3) 网络层协议。

TCP/IP 协议中最重要的成员是 IP 和 ARP。除了这两个协议外，网络层还有一些其他的协议，如 RARP、DHCP、ICMP、RIP、IGRP、OSPF 等。

2) OSI模型

OSI 模型详细地规定了网络需要实现的功能，实现这些功能的方法，以及通信报文包的格式。

OSI 模型把网络功能分成 7 大类，并从顶到底如图 2-8 所示按层次排列起来。待发送的数据首先被应用层的程序加

| 7. 应用层 |
| 6. 表示层 |
| 5. 会话层 |
| 4. 传输层 |
| 3. 网络层 |
| 2. 数据链路层 |
| 1. 物理层 |

图 2-8 OSI 模型的 7 层协议

工，然后下放到下面一层继续加工。最后，数据被装配成数据帧，发送到网线上。

OSI 模型的 7 层协议是自下向上编号的，OSI 模型规定的网络功能如表 2-1 所示。

表 2-1　OSI 模型规定的网络功能

层　级	功　能　规　定
第 7 层　应用层	提供了用户应用程序的接口端口，可为每一种应用的通信在报文上添加必要的信息
第 6 层　表示层	定义数据的表示方法，使数据以可以理解的格式发送和读取
第 5 层　会话层	提供网络会话的顺序控制，解释用户和机器名称也在这层完成
第 4 层　传输层	提供端口地址寻址，建立、维护与拆除连接，流量控制，出错重发，数据分段
第 3 层　网络层	提供 IP 地址寻址，支持网间互联的所有功能，设备有路由器、三层交换机
第 2 层　数据链路层	提供数据链路层地址(如 MAC 地址)寻址，介质访问控制(如以太网的总线争用技术)，差错检测，控制数据的发送与接收，设备有网桥、交换机
第 1 层　物理层	提供建立计算机和网络之间通信所必需的硬件电路和传输介质

3) IEEE 802标准

TCP/IP 协议没有对 OSI 模型最下面两层进行实现。TCP/IP 协议主要是在网络操作系统中实现的。主机中应用层、传输层和网络层的任务由 TCP/IP 程序来完成的，而主机 OSI 模型最下面两层数据链路层和物理层的功能则是由网卡制造厂商的程序和硬件电路来完成。

网络设备厂商在制造网卡、交换机、路由器的时候，其数据链路层和物理层的功能是依照 IEEE 制订的 802 规范开发的，没有按照 OSI 的具体协议开发。

IEEE 制订的 802 规范规定了数据链路层和物理层的功能，具体功能如下：

(1) 物理地址寻址：发送方需要对数据报安装帧报头，将物理地址封装在帧报头中。接收方能够根据物理地址识别是否是发给自己的数据。

(2) 介质访问控制：使用共享传输介质，避免了介质使用冲突。知名的局域网介质访问控制技术有以太网技术、令牌网技术、FDDI 技术等。

(3) 数据帧校验：数据帧在传输过程中是否受到了损坏，丢弃损坏了的帧。

(4) 数据的发送与接收：操作内存中的待发送数据向物理层电路中发送的过程，在接收方完成相反的操作。

IEEE 802 根据不同功能，有相应的协议规范，如标准以太网协议规范 802.3、无线局域网 WLAN 协议规范 802.11 等，统称为 IEEE 802x 标准。图 2-9 列出的是现在流行的 802 标准。

 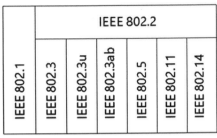

图 2-9 IEEE 协议标准

由图 2-9 可知，OSI 模型把数据链路层又划分为两个子层：逻辑链路控制(Logical Link Control，LLC)层和介质访问控制(Media Access Control，MAC)层。

LLC 层的任务是提供网络层程序与数据链路层程序的接口，使得数据链路层主体 MAC 层的程序设计独立于网络层的某个具体协议程序。这样的设计是必要的。例如，新的网络层协议出现时，只需要为这个新的网络层协议程序写出对应的 LLC 层接口程序，就可以使用已有的数据链路层程序，而不需要全部推翻过去的数据链路层程序。

MAC 层完成了所有 OSI 对数据链路层要求完成的功能：物理地址寻址、介质访问控制、数据帧校验、数据发送与接收。

IEEE 遵循 OSI 模型，也把数据链路层分为两层，设计出 IEEE 802.2 协议与 OSI 的 LLC 层对应，并完成相同的功能(事实上，OSI 模型把数据链路层划分为 LLC 层和 MAC 层是非常科学的，IEEE 没有道理不借鉴 OSI 模型的如此设计)。

可见，IEEE 802.2 协议对应的程序是一个接口程序，提供了流行的网络层协议程序 (IP、ARP、IPX、RIP 等)与数据链路层的接口，使网络层的设计成功地独立于数据链路层所涉及的网络拓扑结构、介质访问方式、物理寻址方式。

IEEE 802.1 有许多子协议，其中有些已经过时。但是新的 IEEE 802.1Q、IEEE 802.1D 协议(1998 年)则是最流行的 VLAN 技术和 QoS 技术的设计标准规范。

IEEE 802x 的核心标准是十余个跨越 MAC 层和物理层的设计规范。目前，我们关注的是如下 9 个知名的规范。

(1) IEEE 802.3：标准以太网标准规范，提供 10 兆局域网的介质访问控制层和物理层设计标准。

(2) IEEE 802.3u：快速以太网标准规范，提供 100 兆局域网的介质访问控制层和物理层设计标准。

(3) IEEE 802.3ab：千兆以太网标准规范，提供 1000 兆局域网的介质访问控制层和物理层设计标准。

(4) IEEE 802.5：令牌环网标准规范，提供令牌环介质访问方式下的介质访问控制层和物理层设计标准。

(5) IEEE 802.11：无线局域网标准规范，提供 2.4 G 微波波段 1～2 Mb/s 低速 WLAN 的介质访问控制层和物理层设计标准。

(6) IEEE 802.11a：无线局域网标准规范，提供 5G 微波波段 54 Mb/s 高速 WLAN 的介质访问控制层和物理层设计标准。

(7) IEEE 802.11b：无线局域网标准规范，提供 2.4G 微波波段 11 Mb/s WLAN 的介质访问控制层和物理层设计标准。

(8) IEEE 802.11g：无线局域网标准规范，提供 IEEE 802.11a 和 IEEE 802.11b 的兼容标准。

(9) IEEE 802.14：有线电视网标准规范，提供 Cable Modem 技术所涉及的介质访问控制层和物理层设计标准。

局域网(LAN)通常是一个单独的广播域，主要由 Hub、网桥或交换机等网络设备连接同一网段内的所有结点形成。处于同一个局域网的网络结点之间可以直接通信，而处于不同局域网的设备之间则必须经过路由器才能通信。

随着网络的不断扩展，接入设备逐渐增多，网络结构也日趋复杂，必须使用更多的路由器才能将不同的用户划分到各自的广播域中，在不同的局域网之间提供网络互联。但这样做存在两个问题：

一是，随着网络中路由器数量的增多，网络延时逐渐加长，从而导致网络数据传输速度的下降。这主要是因为数据在从一个局域网传递到另一个局域网时，必须经过路由器的路由操作，即路由器要根据数据报中的相应信息确定数据报的目标地址，然后再选择合适的路径转发出去。

二是，用户是按照它们的物理连接被自然地划分到不同的用户组(广播域)中。这种分割方式并不是根据工作组中所有用户的共同需要和带宽的需求来进行的。因此，尽管不同的工作组或部门对带宽的需求有很大的差异，但它们却被机械地划分到同一个广播域中争用相同的带宽。

局域网(LAN)的快速发展促使了 VLAN(Virtual Local Area Network)的产生。VLAN 的中文名为"虚拟局域网"，设计标准规范为 IEEE 802.1Q。

虚拟局域网(VLAN)是一组逻辑上的设备和用户，这些设备和用户并不受物理位置的限制，可以根据功能、部门及应用等因素将它们组织起来，它们之间的通信就好像它们在同一个网段中一样，由此得名虚拟局域网。VLAN 是一种比较新的技术，工作在 OSI 模型的第 2 层，一个 VLAN 就是一个广播域，VLAN 之间的通信是通过第 3 层的路由器来完成的。与传统的局域网技术相比较，VLAN 技术更加灵活，具有以下优点：网络设备的移动、添加和修改的管理开销减少；可以控制广播活动；可提高网络的安全性。

在计算机网络中，一个二层网络可以被划分为多个不同的广播域，一个广播域对应了一个特定的用户组，默认情况下这些不同的广播域之间是相互隔离的。不同的广播域之间想要通信，需要通过一个或多个路由器。这样的一个广播域就称为 VLAN。

定义 VLAN 成员的方法有很多，由此也就分成了几种不同类型的 VLAN，分别是：

(1) 基于端口的 VLAN 划分；

(2) 基于 MAC 地址的 VLAN 划分；

(3) 基于路由的 VLAN 划分；

(4) 基于协议的 VLAN 划分。

802.1P 是 IEEE 802.1Q(VLAN 标签技术)标准的扩充协议，它们协同工作。IEEE 802.1Q 标准定义了为以太网 MAC 帧添加的标签。VLAN 标签有两部分：VLAN ID (12 比特)和优先级(3 比特)。IEEE 802.1Q VLAN 标准中没有定义和使用优先级字段，而 802.1P 中则定义了该字段。

4) IP地址

与邮政通信一样，网络通信也需要有对传输内容进行封装和注明接收者地址的操作。邮政通信的地址结构是有层次的，要分出城市名称、街道名称、门牌号码和收信人。网络通信的地址结构也是有层次的，分为网络地址、物理地址和端口地址。网络地址说明目标主机在哪个网络上；物理地址说明目标网络中哪一台主机是数据报的目标主机；端口地址则指明目标主机中的哪个应用程序接收数据报。我们可以借助网络通信的地址结构与邮政通信的地址结构的比较来理解网络通信的地址结构，即将网络地址想象为城市和街道的名称；物理地址则比喻为门牌号码；端口地址则与同一个门牌下哪个人接收信件很相似。

标识目标主机在哪个网络的是 IP 地址。IP 地址用 4 个点分十进制数表示，如 172.155.32.120。只是 IP 地址是个复合地址，完整地看，表示一台主机的地址；只看前半部分，表示网络地址。IP 地址 172.155.32.120 表示一台主机的地址，172.155.0.0 则表示这台主机所在网络的网络地址。

IP 地址封装在数据报的 IP 报头中。IP 地址有两个用途：一个用途是网络的路由器设备使用 IP 地址确定目标网络地址，进而确定该向哪个端口转发报文；另一个用途就是源主机用目标主机的 IP 地址来查询目标主机的物理地址。

物理地址封装在数据报的帧报头中。典型的物理地址是以太网中的 MAC 地址。MAC 地址在两个地方使用：一是主机中的网卡通过报头中的目标 MAC 地址判断网络送来的数据报是不是发给自己的；二是网络中的交换机通过报头中的目标 MAC 地址确定数据报该向哪个端口转发。其他物理地址的实例是帧中继网中的 DLCI 地址和 ISDN 中的 SPID。

端口地址封装在数据报的 TCP 报头或 UDP 报头中。源主机用端口地址告诉目标主机本数据报是发给对方的哪个应用程序的。如果 TCP 报头中的目标端口地址指明是 80，则表明数据是发给 WWW 服务程序的；如果是 25130，则是发给对方主机的 CS 游戏程序的。

计算机网络是靠网络地址、物理地址和端口地址的联合寻址来完成数据传送的，缺少其中的任何一个地址，网络都无法完成寻址(点对点连接的通信是一个例外。点对点通信时，两台主机用一条物理线路直接连接，源主机发送的数据只会沿这条物理线路到达另外那台主机，物理地址则是没有必要的了)。

地址的格式及分类：IP 地址是一个 4 字节 32 位长的地址码。一个典型的 IP 地址为 200.1.25.7(以点分十进制表示)。

IP 地址可以用点分十进制数表示，也可以用二进制数来表示，即

十进制数表示法：200.1.25.7；

二进制数表示法：11001000 00000001 00011001 00000111。

IP 地址被封装在数据报的 IP 报头中，供路由器在网间寻址的时候使用。因此，网络中的每个主机，既有自己的 MAC 地址，也有自己的 IP 地址。MAC 地址用于网段内寻址，IP 地址则用于网段间寻址，如图 2-10 所示。

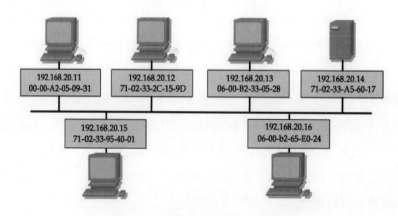

图 2-10 每台主机需要有一对地址

IP 地址共分 A、B、C、D、E 五类地址，其中前三类是我们经常涉及的 IP 地址。分辨一个 IP 地址是哪类地址可以从其第一个字节来区别，如图 2-11 所示。

IP 地址分类	IP 地址范围 (第一个字节的十进制数)
A 类	1~126(00000001—01111110)*
B 类	128~191(10000000—10111111)
C 类	192~223(11000000—11011111)
D 类	224~239(11100000—11101111)
E 类	240~255(11110000—11111111)

图 2-11　IP 地址的分类

A 类地址的第一个字节在 1 到 126 之间，B 类地址的第一个字节在 128 到 191 之间，C 类地址的第一个字节在 192 到 223 之间。例如，200.1.25.7 是一个 C 类 IP 地址；155.22.100.25 是一个 B 类 IP 地址。

A、B、C 类地址是我们常用来为主机分配的 IP 地址。D 类地址用于组播的地址标识。E 类地址是 IETF(Internet Engineering Task Force)组织保留的 IP 地址，用于该组织自己的研究。

一个 IP 地址分为两部分：网络地址编码部分和主机编码部分。A 类 IP 地址用第一个字节表示网络地址编码，低三个字节表示主机编码。B 类地址用第一、二两个字节表示网络地址编码，后两个字节表示主机编码。C 类地址用前三个字节表示网络地址编码，最后一个字节表示主机编码。

2.1.5　Wi-Fi 的工作原理

1) Wi-Fi的概念

Wi-Fi 是 WLAN(Wireless Local Area Network，无线局域网)目前最主流的一种技术，基于 IEEE 802.11 系列协议。Wi-Fi 也是一种认证标志，通过认证的设备保证能按照 IEEE 802.11 协议相互兼容。全球的认证机构是 Wi-Fi 联盟(WFA)，其前身是 WECA(无线以太网兼容性联盟)。Wi-Fi 又是一种可以将个人电脑、手持设备(如 PDA、手机)等终端以无线方式互相连接的技术。通俗的说法，Wi-Fi 就是一种无线联网的技术，以前通过网络连接电脑，而现在则是通过无线电波来联网；常见的就是一个无线路由器，那么在这个无线路由器的电波覆盖的有效范围内都可以采用 Wi-Fi 连接方式进行联网。如果无线路由器连接了一条 FTTH 线路或者别的上网线路，则又被称为"热点"。

2) Wi-Fi 的基本工作原理

(1) Wi-Fi 是半双工时分系统：同一区域、同一频点/信道、同一时间只有一个设备能发送报文。

(2) Wi-Fi 的工作模式：主要采用 DCF(分布式协调)，即通过 CSMA/CA(载波侦听多路访问/冲突避免)技术来实现信道共享。类似于以太网 802.3 协议中的 CSMA/CD(载波侦听多路访问/冲突检测)，由于 Wi-Fi 是半双工的，所以进行了调整。CSMA/CD 能检测冲突，但不能"避免"冲突；CSMA/CA 在发送时不能检测冲突，只能尽量"避免"冲突。环境中的 Wi-Fi 设备/终端多了，整体的传输效率就会急速降低，所有时间都被用来传信令报，无法进行正常的数据通信。因此，能搜索到的 Wi-Fi 信号越多，Wi-Fi 环境就越差。尽管不可能控制终端数量，但至少应该尽量减少部署 Wi-Fi 设备，降低功率(减小其影响范围)，尽量不要发布过多的 SSID(服务集标识)。

(3) 频段：①2.4 GHz 频段。中国开放了 13 个信道(2.402～2.483 GHz)，但北美只开放 11 个信道，所以建议只使用 1～11 信道适用的协议 802.11b/g/n。其中，802.11n 支持的双频工作 2.4 GHz 是 ISM 频段(Industrial Scientific and Medical Band，工业/科学/医学用频段)中的一段，各国都开放，因此许多无线技术都采用该频段(该频段主要应用于：微波炉、蓝牙、ZigBee、Wi-Fi、车库门控制器、无绳电话、无线鼠标、一些无线家用设备)。2.4 GHz 频段上存在许多非 Wi-Fi 的干扰源。由于子信道划分间隔是 5 MHz，Wi-Fi 的工作频宽是 22 MHz，所以相邻信道的 Wi-Fi 信号之间有干扰，必须至少间隔 5 个子信道才相互无干扰。② 5 GHz 频段。中国开放了 5.8 GHz 和 5.1 GHz 两个频段。5.8 GHz(5.725～5.850 GHz)频段含 5 个互不干扰的子信道(149，153，157，161，165)，也属于 ISM 频段。5.1 GHz (5.150～5.350 GHz)频段含 8 个互不干扰的子信道(36，40，44，48，52，56，60，64)，适用的协议是 802.11a/n/ac，其中 802.11n 支持双频工作。

3) Wi-Fi "穿墙"的基本原理

无线电波呈现"波粒二象性"：低频时(如手机信号)，更多体现波动性，能绕过障碍物；高频时(如 Wi-Fi 信号)，更多体现粒子性，能通过反射绕过障碍物。因此，选择 AP 的摆放位置时，未必越近越好，最主要考虑的是有好的 Wi-Fi 通道。

2.4 GHz 信号对一些介质的插入损耗特征值从小到大分别是：玻璃、薄木板、厚木板、门、混凝土墙，其他严重影响 Wi-Fi 信号的介质有：金属(含钢筋的承重墙)、水(含水 70%的人体)。

发射功率：国家规定，室内 AP 的发射功率为 100 mW(20 dBm)，室外 AP 的发射功率为 500 mW(27 dBm)。接收灵敏度：每个无线设备都有一个接收灵敏度 S，只能接收到

信号强度高于 S 的信号。终端侧的发射功率与接收灵敏度一般无法调整，要扩大 AP 设备的覆盖范围，必须同时增加设备的发射功率并提高其接收灵敏度。高增益天线不是把 Wi-Fi 信号增强了，而是把它定向集中发射/接收。

SSID：将一个无线局域网分为不同的子网络，各子网络可以提供不同的业务。但不宜发布过多的 SSID，因为维护每个 SSID 都需要一定指令，会占用无线资源。在多 AP 的情况下，不同 AP 可发布相同的 SSID，也可发布不同的 SSID，两种方式的主要区别在于 Wi-Fi 终端在 AP 间漫游时的切换。相同 SSID 时的切换相对较快，但用户一般分不清终端关联到了哪个 AP，不同 SSID 时基本不能自动切换，需要手工切换，但用户能完全知道由哪个 AP 提供业务，在用户无特殊要求时，优选配置相同 SSID。

4) Wi-Fi设备的部署方案

用户的 Wi-Fi 需求主要有两大类：一类是以 Wi-Fi 覆盖为主，另一类是以 Wi-Fi 性能为主。以 Wi-Fi 覆盖为主的区域，可以按单 AP 覆盖单层 100 平方米的范围来估计 AP 数量。布放策略是：各层 AP 分别部署；各层 AP 位置尽量上下错开；单层单 AP 时放中间，双 AP 时放两头，三 AP 时放一直线，四 AP 时放四角，……，尽量不要有与 AP 隔两堵墙的区域。如果以 Wi-Fi 性能为主，必须在主要上网区域内部署双频 AP 才能保证性能。要求与 AP 间最好不要有障碍物，AP 尽量布放在中央开阔处，具体需要根据实际情况，包括：信息点的位置、具体房型、用户现有设备等，再做调整。

信息点设置方案：在住宅内的各个房间及功能区域均有独立的数据信息点和语音信息点。在有可能安装电视机的房间内有单独信息点。对于装修已完成且信息点不充分的住宅，应根据用户业务需求，因地制宜地扩充信息点。

2.2 接入网技术

2.2.1 接入网技术概述

1996 年，原邮电部在接入网标准中提出了接入网定义：接入网由业务结点接口(SNI)和用户网络接口(UNI)之间的一系列传送实体(例如：线路设施和传输设施)组成，为供给电信业务而提供所需传送承载能力实施的系统，可经由管理接口(Q3)配置和管理，如图 2-12 所示。

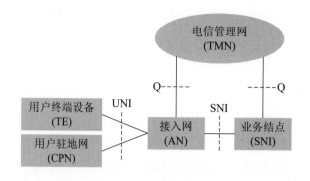

图 2-12　接入网图示

目前，应用的接入网技术主要包括 LAN 技术、PON 技术、DSL 技术及无线接入技术。其中，点到多点的 PON 技术是目前主导的光接入技术。由于网络演进的渐进性，DSL 技术在一定时期内将与 PON 技术共存，混合使用。无线接入技术可以使用"CPE 技术"由无线网络实现有线接入。接入网技术分类如图 2-13 所示。

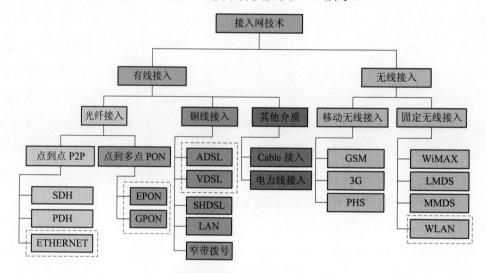

图 2-13　接入网技术分类

1）DSL技术概述

DSL(Digital Subscriber Line，DSL)的中文名是数字用户线路，是以电话线为传输介质的传输技术组合。DSL 技术在公用电话网络的用户环路上支持对称和非对称传输模式，解决了经常发生在网络服务供应商和最终用户间的"最后一公里"的传输瓶颈问题。

人们通常把所有的 DSL 技术统称为 xDSL，"x"代表着不同种类的数字用户线路技术，如图 2-14 所示。各种数字用户线路技术的不同之处主要表现在信号的传输距离和速率，以及对称和非对称的区别上。DSL 技术主要分为对称和非对称两大类。

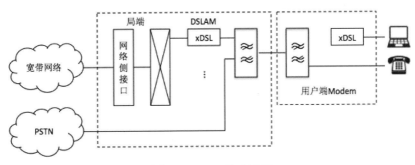

图 2-14 DSL 技术图示

对称 DSL 技术主要有 HDSL(高比特率 DSL)、SDSL(单线 DSL)、MVL(多路虚拟 DSL)及 IDSL(ISDN 数字用户线)等，主要用于替代传统 T1/E1 接入技术。

非对称 DSL 技术主要有 ADSL(非对称 DSL)、RADSL(速率自适应 DSL)及 VDSL(超高速 DSL)等，适用于对双向带宽要求不一致的应用，诸如 Web 浏览、多媒体点播及信息发布等。

2) LAN接入技术概述

LAN(Local Area Network，局域网)是将分散在有限地理范围(如一栋大楼，一个部门)内的多台计算机通过传输媒体连接起来的通信网络。LAN 通过功能完善的网络软件，能实现计算机之间的相互通信和共享资源。

LAN 接入技术是一种利用光纤加五类线实现的宽带接入方案，可实现千兆光纤到小区(大楼)中心交换机，中心交换机和楼道交换机以百兆光纤或者五类线相连，楼道内综合布线，用户上网速率达 10 Mb/s，网络可扩展性强，投资规模小。LAN 接入主要使用星型拓扑结构，用户可共享带宽，如图 2-15 所示。

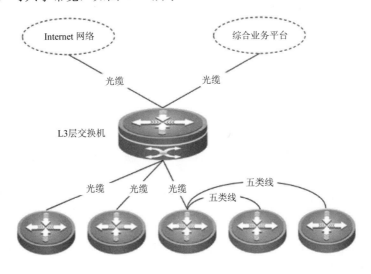

图 2-15 LAN 接入技术图示

3) PON技术概述

PON(Passive Optical Network，无源光纤网络)技术，是一种基于 P2MP 拓扑的技术。所谓无源是指光分配网(ODN)中不含有任何电子器件及电子电源，ODN 全部由光分路器(Splitter)等无源器件组成，不需要有源电子设备。

PON 由局侧的 OLT(Optical Line Terminal，光线路终端)、用户侧的 ONU(Optical Network Unit，光网络单元)和 ODN(Optical Distribution Network，光分配网)组成，如图 2-16 所示。目前主流的 PON 技术有 EPON、GPON。

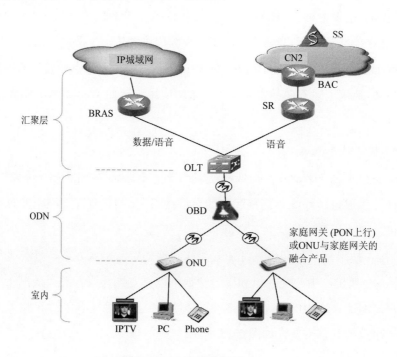

图 2-16 PON 技术图示

OLT 的作用是将各种业务信号按一定的信号格式汇聚后向终端用户传输，再将来自终端用户的信号按照业务类型分别进行汇聚后送入各业务网。

ONU 位于用户端，直接为用户提供语音、数据或视频接口。

ODN 的作用是提供 OLT 与 ONU 之间的光传输通道，包括 OLT 和 ONU 之间的所有光缆、光缆接头、光纤交接设备、光分路器(又称分光器，光分器)、光纤连接器等无源光器件。

2.2.2 FTTx 的定义及分类

FTTx 是新一代的光纤用户接入网，应用 PON 网络技术，用于连接电信运营商和终端用户，范围从区域电信机房的局端设备到用户终端设备。局端设备为光线路终端

(Optical Line Terminal，OLT)，用户端设备为光网络单元(Optical Network Unit，ONU)或光网络终端(Optical Network Terminal，ONT)。

根据光纤到达用户侧 ONU 设备的安装位置不同，宽带光接入网的应用方式(建设模式)包括以下八种，这些模式统称为 FTTx，其中最主要的应用方式有 FTTC、FTTB、FTTH、FTTO。

- FTTN：Fiber To The Node，光纤到结点；
- FTTZ：Fiber To The Zone，光纤到小区；
- FTTCab：Fiber To The Cabinet，光纤到交接箱；
- FTTC：Fiber To The Curb，光纤到路边；
- FTTB：Fiber To The Building，光纤到楼；
- FTTP：Fiber To The Premise，光纤到用户驻地；
- FTTH：Fiber To The Home，光纤到户；
- FTTO：Fiber To The Office，光纤到办公室。

FTTC(光纤到路边)，是从中心局到离家庭或办公室一千英尺以内的路边之间光缆的安装和使用。利用 FTTC，同轴电缆或双绞线等可以把信号从路边传递到家中或办公室里。FTTC 代替了普通旧式电话服务，能够只能通过一条线就可以完成电话、有线电视、因特网的接入，多媒体和其他通信业务的分发。

FTTB(光纤到楼)，是 FTTx+LAN 的一种网络连接模式，主要是将光信号接入办公大楼或者公寓大厦的总配线箱内部，实现光纤信号的接入，而在办公室大楼或公寓大厦的内部，则仍然是利用同轴电缆、双绞线或光纤实现信号的分拨输入，以实现高速数据的应用。我们称为 FTTx+LAN 的宽带接入网(简称 FTTB)，这是一种最合理、最实用、最经济有效的宽带接入方法。

FTTH(光纤到户)，顾名思义就是一根光纤直接到家庭。具体说，FTTH 是指将光网络单元(ONU)安装在住家用户或企业用户处，是光接入系列中除 FTTD(光纤到桌面)外最靠近用户的光接入网应用类型。FTTH 的显著技术特点是不但提供了更大的带宽，而且增强了网络对数据格式、速率、波长和协议的透明性，放宽了对环境条件和供电等的要求，简化了维护和安装。

FTTO(光纤到办公室)，在 FTTO 的运营方式中，运营商对客户相对密集区拉光缆，经过合适的分支后连接到用户的机房或设备间。对于 CBD 等用户密集的大型商业写字楼，可以直接将 EPON 的 OLT 设备放置到大楼机房，光缆垂直布线后，再通过合适的分支，将光纤连接到最终用户。

2.2.3 PON 系统的基本原理

PON(无源光网络)是指 OLT(光线路终端)和 ONU(光网络单元)之间的 ODN(光分配网络)全部采用无源设备的光接入网络。

PON 系统是一种点对多点(P2MP)的光接入系统，如图 2-17 所示。它能够节省光纤资源、方便用户接入和支持多业务接入，并且 ODN 无需供电，是运营商目前大力推行的宽带光纤接入技术，主要有 EPON 和 GPON 两种技术。

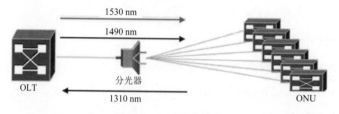

图 2-17　PON 系统

PON 系统采用 WDM(密集波分复用)技术，使得不同的方向使用不同波长的光信号，实现单纤双向传输。

为了分离同一根光纤上多个用户的来去信号，PON 系统采用上行数据流 TDMA 技术和下行数据流广播技术两种复用模式，每 PON 口可以实现最大上行 1.25 Gb/s，下行 2.5 Gb/s 传输速度。

1) PON系统的典型网络结构

PON 系统主要由 OLT、ONU 和 ODN 三部分组成，其中 ODN 不包含有源设备，OLT 至 ONU 之间通过光分路器连接形成 P2MP(点到多点)的结构，如图 2-18 所示。

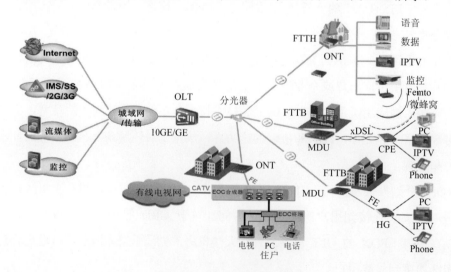

图 2-18　PON 典型网络结构

2) PON系统的传输方式

上行方向为 TDMA 方式，各 ONU 上行数据分时发送，各 ONU 的发送时间与长度由 OLT 集中控制，如图 2-19 所示。

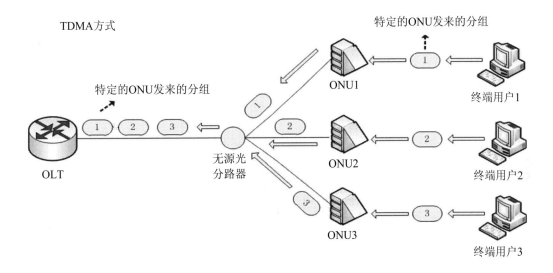

图 2-19　PON 的上行 TDMA 传输方式

下行方向为广播方式，下行数据广播发送，每个 ONU 根据下行数据的标识信息接收属于自己的数据，丢弃其他用户的数据，如图 2-20 所示。

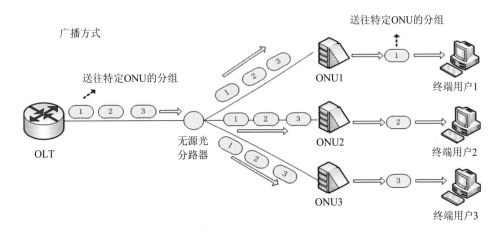

图 2-20　PON 的下行广播传输方式

2.2.4　PON 系统的组成

如图 2-21 所示，PON 系统的基本组成如下：

- 局端的光线路终端(OLT)设备；

- 光网络单元(ONU/ONT)设备；

- ODN 设备，用于连接局端 OLT 设备和远端 ONU 设备之间的光分配网络，ODN 只包含无源器件或设施。

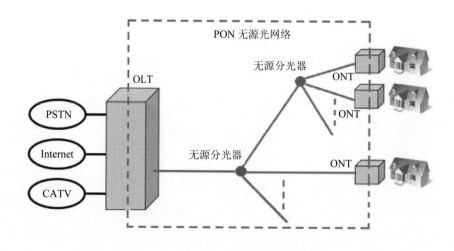

图 2-21　PON 系统组成图示

1) OLT设备的介绍

OLT 设备是 PON 系统的核心功能模块。OLT 设备在物理上一般以机架的形式呈现，机架式 OLT(大型)设备采用插板式结构，其特点是功能复杂、容量大、实现难度高。组成板卡的有接口板(或者称为线卡)、主交换板、主控板(主控和主交换板可能合在一个板卡)、上联板(GE/10GE)等。

另外，还有盒式 OLT(小型)设备，是 1U 高一体化小设备，具有功能简单、容量小、实现容易等特点，由 2～4 个 PON 口和 1～2 个上联 GE 口组成，如图 2-22 所示。

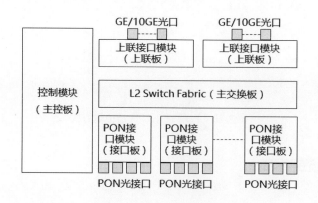

图 2-22　OLT 设备组成图示

2) ONU设备的介绍

ONU 设备位于用户终端设备和 ODN 设备之间，能够提供用户接口和多业务接入。ONU 上联口(PON 口)为光口，用户侧接口有以太网接口(FE/GE)、POTS 接口(RJ-11)、E1 接口和 CATV 接口。

ONU 设备组成如图 2-23 所示，其中 PON 接口模块是核心部分，语音处理模块以 VoIP 的方式提供语音业务，CPU 负责整个 ONU 的控制和管理，包括与 OLT 及网管的通信。

ONU 设备根据用户端的应用方式不同，可分为三种类型：

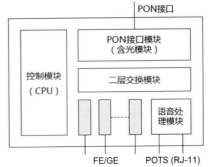

图 2-23 ONU 设备组成图示

(1) SFU(单住户单元)型 ONU 设备：主要用于单独家庭用户，仅支持宽带接入终端功能，具有 1 或 4 个以太网接口，可以提供以太网/IP 业务，支持 VoIP 业务(内置 IAD)或 CATV 业务，主要应用于 FTTH 的场合，可与家庭网关配合使用，以提供更强的业务能力。

(2) HGU(家庭网关单元)型 ONU 设备：主要用于单独家庭用户，具有家庭网关功能，相当于带 EPON 上联接口的家庭网关，具有 4 个以太网接口、1 个 WLAN 接口和至少 1 个 USB 接口，可以提供以太网/IP 业务，支持 VoIP 业务(内置 IAD)或 CATV 业务，支持 TR-069 远程管理，主要应用于 FTTH 的场合。

(3) SBU(单商户单元)型 ONU 设备：主要用于单独企业用户和企业里的单个办公室，支持宽带接入终端功能，具有以太网接口和 E1 接口，可以提供以太网/IP 业务和 TDM 业务，主要应用于 FTTO 的场合。

3) ODN设备的介绍

ODN 设备位于 ONU 设备和 OLT 设备之间，为 OLT 设备与 ONU 设备提供光传输手段，完成光信号的传输和功率分配任务。ODN 设备通常呈树型分支结构，如图 2-24 所示，主要包含下列设备，其中核心设备为光分路器 OBD。光缆交接箱，简称为光交，也叫光交接箱。

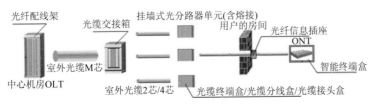

图 2-24 ODN 设备组成图示

(1) 局端配线设施：光纤配线架等；

(2) 光分配点设施：光纤配线架、光缆交接箱、光分路器、光缆分线盒、光缆接头盒等；

(3) 光用户接入点设施：光分路器、光缆分线盒、光缆接头盒等；

(4) 用户端接入设施：用户智能终端盒、光纤信息插座；

(5) 其他基本器材：光缆、光纤连接器、尾纤等。

2.2.5　FTTx 的典型组网结构

下面重点介绍 FTTB 与 FTTH 的典型组网结构。

1) FTTB 组网的介绍

FTTB 是 FTTx+LAN 的一种网络连接模式，主要是将光信号接入办公大楼或者公寓大厦的总配线箱内部，实现光纤信号的接入，而在办公室大楼或公寓大厦的内部，则仍然是利用同轴电缆、双绞线或光纤实现信号的分拨输入，以实现高速数据的应用，我们称之为 FTTx+LAN 的宽带接入网，简称 FTTB，如图 2-25 所示。这是一种最合理、最实用、最经济有效的宽带接入方法。

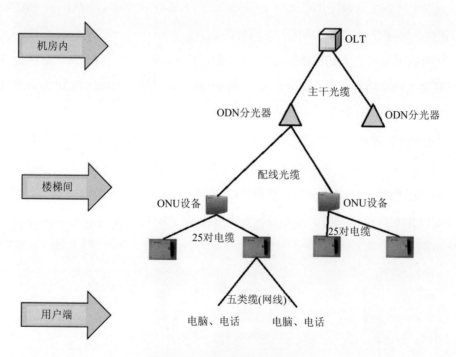

图 2-25　FTTB 典型组网结构

2) FTTH组网的介绍

FTTH 的典型组网结构如图 2-26 所示，根据用户的不同业务需求及家庭布线情况，家庭网络可采用不同的家庭组网方式，既可采用有线接入方式，也可采用有线+无线 AP 的接入方式，方便灵活地接入语音、宽带数据、IPTV、WLAN 等业务。

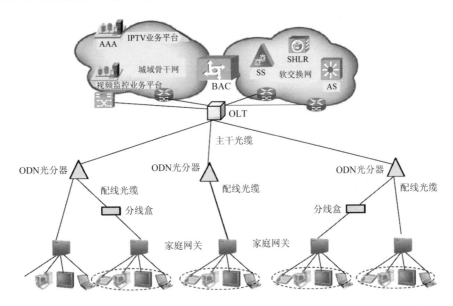

图 2-26　FTTH 的典型组网结构

2.2.6　EPON 技术和 GPON 技术的比较

EPON 和 GPON 是基于不同标准的无源光综合接入网络。总体来说，GPON 技术更新、速率更快，二者的指标对比如图 2-27 所示。

内容	GPON（ITU-T G.984）	EPON（IEEE 802.3ah）
遵循协议	ITU-T G.984	IEEE 802.3ah
下行速率	2500 Mb/s 或 1250 Mb/s	1250 Mb/s
上行速率	1250 Mb/s	1250 Mb/s
分光比	1:64，可扩展为1:128	1:32，可扩展为1:64
下行效率	92%，采用 NRZ扰码（无编码），开销（8%）	72%，采用 8B/10B编码（20%），开销及前同步码（8%）
上行效率	89%，采用 NRZ扰码（无编码），开销（11%）	68%，采用 8B/10B编码（20%），开销及前同步码（12%）
可用下行带宽	2200 Mb/s	950 Mb/s
可用上行带宽	1000 Mb/s	900 Mb/s
运营、维护	遵循OMCI标准对ONT进行全套FCAPS（故障、配置、计费、性能、安全性）管理	OAM 可选且最低限度地支持:ONT的故障指示、环回和链路监测
网络保护	50ms主干光纤保护倒换	未规定
TDM传输和时钟同步	天然适配TDM，保障TDM业务质量，电路仿真可选	电路仿真,ITU-T Y.1413 或 MEF 或 IETF

图 2-27　EPON 与 GPON 指标对比

2.2.7 10G-EPON 介绍

IEEE 802.3 av 规定了 10 Gb/s 下行、1 Gb/s 上行的非对称模式(10/1GBASE-PRX)和 10 Gb/s 上下行对称模式(10 GBASE-PR)两种速率模式。

(1) 10G-EPON 标准。

- IEEE 802.3av，2009 年 9 月发布；
- 在 1G-EPON 标准基础上的增补。

(2) 10G-EPON 的主要改进。

- 定义了新的 PMD 子层(光接口)；
- 对 MPCP 协议进行了增补，扩展了 ONU 的发现方式，支持不同速率 ONU 的共存；
- 采用了新的编码方式和 FEC。

(3) 10G-EPON 的工作波长。

- 10 Gb/s 下行：波长为 1575～1580 nm(1577 nm)；
- 10 Gb/s 上行：波长为 1260～1280 nm(1270 nm)；
- 1 Gb/s 上行：波长为 1260～1360 nm(1310 nm)。

(4) 10G-EPON 物理层不同速率信号的共存方式。

- 下行：10G 与 1G 信号以 WDM 方式共存；
- 上行：10G 与 1G 信号以 TDM 方式共存。

(5) 多点控制协议增补模式(数据链路层)。

- OLT 为不同类型的 ONU 打开不同的发现窗口；
- 10G、1G 注册采用不同的广播 LLID。

2.2.8 PON 系统光链路损耗的计算

与 PON 系统光链路损耗相关的指标有三个，分别是光路损耗、ONU 接收侧光功率以及光纤富裕度，其计算公式分别如下：

(1) 光路损耗 = 所有分光器插损值之和 + 光纤长度(km) × 0.4 + 熔纤点数目 × 0.1 + 活接头插损(法兰盘)个数 × 0.5。

(2) ONU 接收侧光功率 = OLT 发射光功率 − 光路损耗；只有当 ONU 接收侧光功率大于 ONU 最小接收光功率时，ONU 才能正常工作。

(3) 光链路中还要有一定的富余度。

当传输距离≤5 km 时，光纤富余度不少于 1 dB；

当传输距离≤10 km 时，光纤富余度不少于 2 dB；

当传输距离＞10 km 时，光纤富余度不少于 3 dB。

2.2.9 影响光通道衰耗的因素

PON 系统里光通道衰耗的影响因素主要有：分光器衰耗、光通道代价、光通道富裕度、活接头插损(法兰盘)、光通道固定衰耗等，如图 2-28 所示。

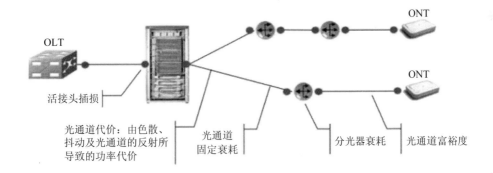

图 2-28 PON 系统光通道损耗图

以图 2-28 为例，计算 PON 系统全路径光功率损耗，其中圆点表示法兰盘，光通道全长 3 km，光缆共有 4 个熔接点，计算结果如图 2-29 所示。

	分光器衰耗		光通道代价(3 km)	光通道富裕度/dB	活接头插损(法兰盘)	光通道固定衰耗
1∶128分光	1∶4与1∶32	28.2	1.5	2	8×0.5=4	35.7
1∶64分光	1∶2与1∶32	21.2	1.5	2	8×0.5=4	29.5
1∶32分光	1∶32	17.8	1.5	2	6×0.5=3	24.3

图 2-29 PON 系统全路径光功率损耗计算结果

在光通道衰耗的影响因素中，分光器衰耗影响较大。现对不同规格的分光器衰耗情况进行实测，测试结果如图 2-30 所示。

不同的分光比也具有不同的优缺点，对光通道衰耗具有不同的影响。

分光器规格	分光器衰耗/dB	端口间最大差值/dB	测试工具
1：2	3.4	0.4	光源光功率
1：4	7.2	0.8	光源光功率
1：8	10.7	1.6	光源光功率
1：16	14.8	2.1	光源光功率
1：32	17.8	2.4	光源光功率
1：64	21.0	2.7	理论值

图 2-30　分光器衰耗情况实测结果

1：32 分光比的优点是：光链路预算充足，对光网络质量要求不苛刻，支持 5 km 以上覆盖；可采用一级分光，降低多级分光带来的插损；每 PON 口流量负荷小，易于应对突发流量冲击。1：32 分光比的缺点是：增加主干光纤数量；增加 OLT PON 口数量，平摊下来每个终端增加了成本 21 元。

1：64 分光比的优点是：减少主干光纤数量；减少 OLT PON 口数量。1：64 分光比的缺点是：光链路预算紧张，对光网络质量要求较高，较难支持 5 km 以上覆盖；只能采用二级分光，增加多级分光带来的插损；每 PON 口流量负荷大，不利于应对突发流量冲击。

2.2.10　分光器的选择原则

对分光器的选择应遵循因地制宜的原则，需要分具体情况进行讨论。一般来说，有以下两种情况。

(1) FTTB/FTTC 多使用一级分光方式，网络结构以树型为主，一级分光点多使用 1：4 分光器。

(2) FTTH 一级分光一般采用 1：32 的分光器，二级分光一般采用 1：2 与 1：32 或 1：4 与 1：16 或 1：8 与 1：8 的分光器组合方式。在机房机柜中，为了便于固定，选用机架式分光器；在 FTTH 光交接箱、光分线箱内，为了减少托盘的位置，一般选用盒式分光器；对于新建小区，在计算分光器端口时，要有一定的余量，1 个 1：64 的分光器可覆盖 60~62 户，而 1：32 的分光器可覆盖 30 户。

2.2.11　FTTx 分光组网

1) FTTC/FTTB分光组网

FTTC：光纤到街道，ONU 设备安装于接近用户侧街道或者机房，用户入户线缆为双绞线。FTTC 主要用于光进铜退工程，解决了原接入方式为"xDSL"的网络接入模式，利用了原有入户线缆。

FTTB：光纤到楼，ONU 设备安装于建筑物内的设备间，用户入户线缆为五类线。FTTB 主要解决原接入方式为"光纤+LAN"的网络接入模式，利用了原有入户线缆。

2) FTTH分光组网

FTTH 一级分光组网：用户与汇聚设备 OLT 之间只有一个分光器的组网方式被称为一级分光组网。一般将大分光比分光器(1∶32/1∶64)安装于 FTTH 覆盖区域的光缆交接箱中，通过束状尾纤(光缆)延伸至用户楼宇安装的光纤分线箱中。而用户家中的皮线光缆通过与束状尾纤连接，再通过安装于光缆交接箱中的分光器汇聚后上连至机房 OLT 设备。

FTTH 一级分光组网方式的光衰耗相对较小，一般用于密集覆盖区域。该分光方式网络结点较少，易于维护，但用户端口受限于光缆交接箱至楼宇光缆数量。

一级分光组网方式由机房、光缆交接箱(分光器)、楼宇的光纤分线箱和用户四部分组成。

FTTH 二级分光组网：用户与汇聚设备 OLT 之间存在两个及以上(非特殊情况下，不建议存在两个以上分光器)分光器的组网方式被称为二级分光组网。一般将小分光比分光器(1∶2/1∶4/1∶8)安装于 FTTH 覆盖区域的光缆交接箱中，通过光缆延伸至用户楼宇安装的光纤分线箱中，再于光纤分线箱中安装级联分光器(1∶8)。而用户家中的皮线光缆通过与二级分光器相连，再通过安装于光缆交接箱中的一级分光器汇聚后上连至机房 OLT 设备。

FTTH 二级分光组网方式的光衰耗相对较大，一般用于全光覆盖小区。该分光方式光缆铺设少，易于扩容，但用户端口受限于楼宇内分光器的分光比。

二级分光组网方式由机房、光缆交接箱(分光器)、楼宇的光纤分线箱(安装有级联分光器)和用户等四部分组成。

2.3 IPTV 技术

2.3.1 IPTV 的基本概念

IPTV(Internet Protocol TeleVision)也即网络电视，是利用宽带网基础设施，以多媒体计算机或网络机顶盒加上电视机作为主要终端设备，集互联网、多媒体、通信等多种技术于一体，通过互联网络(IP)协议向家庭用户提供包括数字电视在内的多种交互式数字媒体服务的崭新技术。

国际电信联盟 IPTV 框架工作组(ITU-T FG IPTV)于 2006 年 10 月 16 日至 20 日在韩国釜山举行的第二次会议上确定了 IPTV 的定义：IPTV 是在 IP 网络上传送包含电视、视频、文本、图形和数据等，提供 QoS/QoE(服务质量/用户体验质量)、安全性、交互性和可靠性的可管理的多媒体业务，如图 2-31 所示。

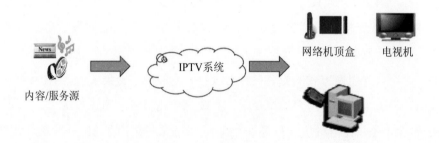

图 2-31　IPTV 概念示意图

IPTV 业务是依靠 IPTV 系统平台把多媒体音视频节目进行数字编码，将形成的媒体流切割为数据 IP 报文，通过互联网传送，然后在另一端(用户机顶盒)进行解码与复原，并在电视上播放的信息传播方式，可以理解为 TV over IP，即互联网电视。IPTV 业务是指以 IP 为传送技术，以 TV 作为媒体终端，以交互式视音频服务为主体的崭新业务集合体。它利用宽带网络，集视频编解码、流媒体、宽带通信、数字版权等多种技术于一身，向用户提供交互式视音频服务。目前，随着 IPTV 系统平台技术、宽带网络技术、视频编码技术的迅速发展及业务运营经验的积累，IPTV 业务正逐渐走向规模化发展阶段，成为电信运营商的主流宽带业务与推动融合业务发展的有力催化剂。

IPTV 系统汇聚了视频处理、数据通信、数据传输、业务运营管理等多个领域的技术，贯穿了视频源网络、视频服务网络、宽带接入网络、机顶盒设备等多个网络和设备。IPTV 的业务形式多样，但主要为直播、点播、回看、增值、信息等业务。IPTV 业务的平台网络架构分为省中心结点、区域中心以及边缘结点。省中心结点集中进行部署，包含用户认证、业务/内容管理、内容库等功能；区域中心主要负责节目的存储与推送；边缘结点主要负责用户的接入与流媒体，区域中心与边缘结点均为分布式部署。IPTV 承载网的功能主要是各个结点间的通信以及用户与结点间的通信，前者称为 IPTV 视频服务网络，后者称为 IPTV 用户接入网络。

2.3.2 陕西 IPTV 的网络架构

陕西省 IPTV 有中兴和华为两套系统。IPTV 业务独立走一套核心网。从西华门、张家堡 NE5K 到各本地网 A 设备以 10 G 网互联。IPTV 开户总数到达 462.53 万，全省实装总数到达 350.05 万，全省活跃用户总数到达 240.10 万。陕西 IPTV 节目源有广电、百视通、爱上、优朋。

IPTV 网络拓扑示意图如图 2-32 所示。

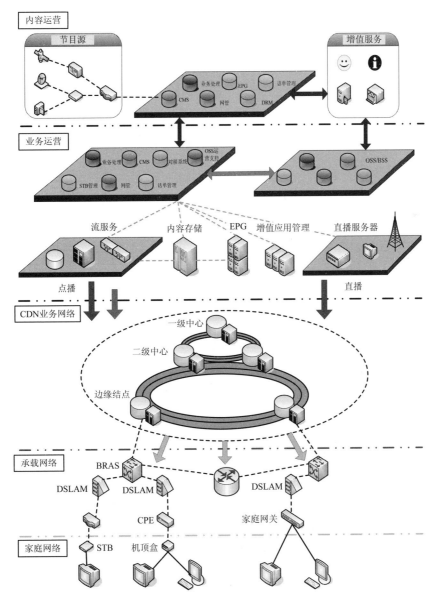

图 2-32　网络拓扑示意图

2.3.3　IPTV承载网的基本理论

1) IPTV视频服务网络

IPTV 视频服务网络是位于视频源系统和 IPTV 用户接入网之间的一段网络，它完成视频数据的导入、存储、分发和服务等功能。IPTV 视频服务网络的基本原理是把视频内容推送到网络边缘，为用户就近提供服务，从而有效地提高了服务质量，降低了骨干网络的传输压力，为 IPTV 业务规模应用提供了基础。IPTV 传送网络主要承载单播类 IPTV 业务以及组播类 IPTV 业务。

2) IPTV用户接入网络

IPTV 用户接入网络是从 IPTV 视频服务网络到用户终端的一段网络，它配合 IPTV 运营管理网实现用户宽带上网接入认证管理，视频组播加入、离开控制功能，并将用户需要的视频流发给用户，为用户接入 IPTV 业务提供 QoS 保证和传输通道。

3) IPTV组播技术

直播业务是 IPTV 业务的基本业务形式之一。从用户的角度来看，此种业务如同传统频道电视，频道切换和频道选择通过屏幕菜单形式实现，丰富了用户的收视频道；从技术实现的角度来看，直播业务建议采用 IPTV 组播技术在 IPTV 承载网上传送，直播节目内容首先推送到 IPTV 传送网内，由 IPTV 传送网内组播源通过 IPTV 传送网组播发送到汇聚层边缘业务接入控制点(BRAS)，再由业务接入控制点通过接入层提供给用户。

2.3.4　IPTV 系统及关键技术

IPTV 系统主要包括 IPTV 业务平台、IPTV 承载网和用户接收终端三个部分。IPTV 系统的特点主要包含在其组成部分之间，不同的部分又包含了一些特定的设备系统，从而完成管理、编码、播放、接收、传输等功能，使得 IPTV 业务能高效运行。

1) IPTV业务平台

IPTV 业务平台主要包括信源编码与转码系统、存储系统、流媒体系统、运营支撑系统和数字版权管理(DRM)等。

(1) 信源编码与转码系统。信源编码与转码系统完成各种信号源的接收，按照规定的编码格式和数码率对视音频信号源进行压缩编码，并转化成适合 IPTV 传输的数字化视音频数据流文件。常用的视频编解码标准有 MPEG-4、H.264、AVS 等，常用的音频编码标准有 MPEG-2、AAC、MPEG-4、HE-AAC 等。

(2) 存储系统。存储系统用于存储数字化视音频数据流文件和各类管理信息。由于数字化后的视音频数据量相当庞大以及各类管理信息的重要性，因此存储系统必须兼顾存储容量和安全可靠性要求。存储系统主要包括存储设备、存储网络和管理软件等三个部分，它们分别担负着数据存储、存储容量和性能扩充、数据管理等任务。

(3) 流媒体系统。IPTV 技术平台采用流媒体技术通过 IP 网传送视音频数据流文件。流媒体系统包括提供多播和单播服务的流媒体服务器。流媒体服务器负责将视音频数据流文件推送到宽带网络中。流式播放技术采用边下载边播放的方式，用户不必等到整个文件下载完毕，只需经过几秒的启动延时，即可进行播放，流媒体文件的剩余部分将在后台由服务器向用户终端进行连续、不间断的传送。常用的流媒体传输协议有 RTP(实时传输协议)、RTSP(实时流协议)等。

(4) 运营支撑系统。IPTV 运营支撑系统主要完成下述管理任务：① 系统管理，对所有流媒体服务器和系统服务器进行统一管理。② 业务应用，包括业务受理、运营支撑、网关安全、统计报表管理、第三方运营管理等。③ 流媒体内容管理，包括控制流媒体内容的采集、编码、编辑制作、审查、存储、编目、搜索、归档、编排、分发、负载均衡、电子节目导航(EPG)、数字版权管理等。④ 用户管理，包括用户的认证、授权、计费、结算和账务处理等。

(5) 数字版权管理(DRM)。数字版权管理保护数字媒体内容免受未经授权的播放和复制，阻止非授权用户访问和共享数字资源，保证合法授权用户访问 IPTV 内容。IPTV 在节目内容的制作、发布、传输、消费等四个环节实施有效的数字版权管理。

2) IPTV承载网

IPTV 系统所使用的网络是以 TCP/IP 协议为主的网络，包括骨干网/城域网、内容分发网(CDN)、宽带接入网。

(1) 骨干网/城域网。骨干网/城域网主要完成视音频数据流文件在城市之间和城市范围内的传送，对以 IP 单播或多播方式发送的视音频数据流进行路由交换传输。

(2) 内容分发网(CDN)。CDN 是叠加在骨干网/城域网上的应用系统，实现对多媒体内容的存储、调度、转发等功能，提高对 IPTV 节目流点播的响应和传输的实时性。

(3) 宽带接入网。宽带接入网主要完成用户到城域网的连接。常用的宽带接入技术有：xDSL、FTTH(光纤到户)、EPON(Ethernet 无源光网络)、GPON(Gigabit-capable 无源光网络)、WLAN、WiMAX。

3) 用户接收终端

用户接收终端负责接收、处理、存储、播放、转发视音频数据流文件和电子节目导航等信息。用户接收终端可实现的功能有：

(1) 支持 FTTH、FTTB+LAN、xDSL、WLAN 等宽带接入方式。

(2) 接收并处理视音频数据流文件，支持 MPEG-4、H.264、AC-1/WMV9、Real、QuikTime 等解码功能。

(3) 支持网页浏览、电子邮件、IP 视频电话、网络游戏等。

(4) 支持数字版权管理，可实现用户身份识别、计费和结算。

(5) 支持由前端网管系统实现远程监管和自动升级。

IPTV 的传统星型组网方式如图 2-33 所示。

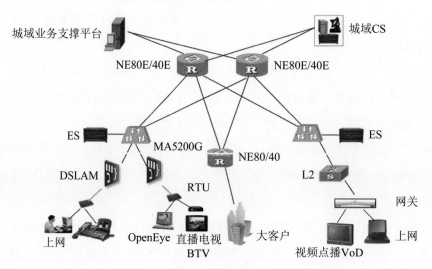

图 2-33　IPTV 的传统星型组网方式

2.3.5　IPTV 技术的应用

IPTV 技术能有效地发挥交互性的特点，从而为用户提供多种增值服务，逐步实现多媒体化、互动化、人性化和个性化，提升用户的体验，满足不同用户的需求。

IPTV 可提供三类业务以满足用户需求，即电视类业务、通信类业务以及各种增值业务。根据应用形式可分为基本型业务和扩展型业务。

1) 基本型业务

(1) 直播电视(BTV)。直播电视类似普通的广播电视，是在 IPTV 平台上同时向多个用户主动推送相同的视音频流，用户在使用广播服务前需要加入某个广播频道。

(2) 视频点播(VoD)。视频点播是单个用户按需要进行视音频流播放，是一种点对点的播放。用户通过接入终端浏览、查询与检索库存内容资源，按照自己的需求和喜好点播相对应的节目内容，通过终端设备提交请求后，用户可以浏览运营商所提供的各种节目内容。视频点播可支持快进、快退、暂停等操作。

(3) 时移电视。时移电视的实现是在直播电视的同时，将节目内容存储到网络系统中，客户端界面会按照预先设定的每一频道的节目时间表将存储的电视节目分列显示，当用户通过电子节目单选择某一个时段的电视节目时，系统将会快速定位到相应的媒体文件时间点上进行播放。当用户接受时移电视服务时，能够实现节目的暂停、后退，并能快进追赶到当前直播内容。时移电视服务是内容广播业务能力和内容存储业务能力的有机结合应用。

(4) PVR。个人录像是指用户或运营商在直播节目播放时选择需要的内容存储起来以提供时移或是其他个人播放。

2) 扩展型业务

(1) 信息类业务。信息提供，通过 IPTV 系统向用户提供各种信息，包括：天气预报、股票交易信息、租房信息/售房信息、政府公告信息、电影预告、旅游信息、教育课程、用户账单信息、电话号码本和联系方式、Web 黄页等；广告，针对特定区域用户定向投放的广告，用户可通过电子节目指南(EPG)选择观看；视频插播，在用户观看节目期间提供其他视频内容，如广告或紧急通告；滚动字幕，在用户观看的节目上提供简短的消息提示或是广告。

(2) 游戏类业务。本地游戏，在 IPTV 终端提供的没有网络传输要求的游戏，是设置在机顶盒上的游戏，如扑克、扫雷；在线游戏，需要网络后台服务器支持的游戏，可在终端上显示复杂的游戏画面，完成游戏进程。

(3) 电子商务类业务。网上购物，业务运营商提供网上购物的服务，类似卓越、eBay、淘宝网和当当网提供的网购商品交易的服务；电视购物，通过 IPTV 系统向用户提供广告电视导购业务，可循环播放视频广告，支持用户交互和订购商品。

(4) 远程教育类业务。VoD 形式的多媒体课件点播，教学内容是预制好的，用户通过点播的形式选择；在线课堂，多角度授课场录像和直播，课堂内容的直播，用户可以通过遥控器选择观看的角度，通过摄像头参与课堂问答交互。

(5) 检索服务类业务。片源检索，用户通过终端选择检索视频内容主题，获取需要的节目信息，如 VoD 内容检索或数字电视节目信息(DTV)检索；信息检索，用户通过终端检索信息类主题，如新闻检索等。

(6) 通信类业务。可视通话，通过 IPTV 终端显示通信双方的图像；短信，在 IPTV 终端上提示短消息到来和显示短消息内容，并发送短消息；即时通信，文本或语音聊天；呼叫控制，对语音或是视频通信进行相关的控制，如主叫号显示/限制；电子邮件，通过 IPTV 终端接收和发送电子邮件；视频会议，通过 IPTV 终端进行多方视频通信。

2.4 家庭综合布线

所谓综合布线系统，是指按标准的、统一的和简单的结构化方式编制和布置各种建筑物(或建筑群)内系统的通信线路，包括电话系统、监控系统、电源系统和照明系统等。因此，综合布线系统是一种标准通用的信息传输系统。

2.4.1 系统的主要特点

综合布线同传统的布线相比较，有着许多优越性，是传统布线所无法相比的。其特点主要表现在它具有兼容性、开放性、灵活性、可靠性、先进性和经济性上，而且在设计、施工和维护方面也给人们带来了许多方便。

1) 兼容性

综合布线的首要特点是它的兼容性。所谓兼容性，是指它自身是完全独立的而与应用系统相对无关，可以适用于多种应用系统。过去，为一幢大楼或一个建筑群内的语音或数据线路布线时，往往是采用不同厂家生产的电缆线，配线插座以及接头等。例如，用户交换机通常采用双绞线，计算机系统通常采用粗同轴电缆或细同轴电缆。这些不同的设备使用不同的配线材料，而连接这些不同配线的插头、插座及端子板也各不相同，彼此互不相容。一旦需要改变终端机或电话机位置时，就必须敷设新的线缆，以及安装新的插座和接头。

综合布线将语音、数据与监控设备的信号线进行统一的规划和设计，采用相同的传输媒体、信息插座、交连设备及适配器等，把这些不同信号综合到一套标准的布线中。由此可见，这种布线与传统布线相比大为简化，可节约大量的物资、时间和空间。

在使用时，用户可不用定义某个工作区的信息插座的具体应用，只把某种终端设备(如个人计算机、电话、视频设备等)插入这个信息插座，然后在管理间和设备间的交接设备上做相应的接线操作，这个终端设备就被接入到各自的系统中了。

2) 开放性

对于传统的布线方式，只要用户选定了某种设备，也就选定了与之相适应的布线方式和传输媒体。如果更换另一设备，那么原来的布线就要全部更换。对于一个已经完工的建筑物，这种变化是十分困难的，要增加很多投资。

综合布线由于采用开放式体系结构，符合多种国际上现行的标准，因此它几乎对所有著名的厂商的产品都是开放的，如计算机设备、交换机设备等，并对所有通信协议也是支持的，如 ISDN、100BASE-T、1000BASE-T、10GBASE-T 等。

3) 灵活性

传统的布线方式是封闭的，其体系结构是固定的，若要迁移设备或增加设备是相当困难而麻烦的，甚至是不可能的。

综合布线采用标准的传输线缆和相关连接硬件，以及模块化设计。因此，所有通道都是通用的，每条通道都可以支持终端、以太网工作站及令牌环网工作站。所有设备的开通及更改均不需要改变布线，只需增减相应的应用设备以及在配线架上进行必要的跳线管理即可。另外，组网也灵活多样，甚至在同一房间可有多用户终端，也可以太网工作站、令牌环网工作站并存，这为用户组织信息流提供了必要条件。

4) 可靠性

传统的布线方式由于各个应用系统互不兼容，因而在一个建筑物中往往要有多种布线方案。因此，建筑系统的可靠性要由所选用的布线的可靠性来保证，当各应用系统布线不当时，还会造成交叉干扰。

综合布线采用高品质的材料和组合压接的方式构成一套高标准的信息传输通道。所有线槽和相关连接件均通过 ISO 认证，每条通道都要采用专用仪器测试其链路阻抗及衰减率，以保证其电气性能。应用系统布线全部采用点到点端接，任何一条链路故障均不影响其他链路的运行，这就为链路的运行维护及故障检修提供了方便，从而保障了应用系统的可靠运行。各应用系统往往采用相同的传输媒体，因而可互为备用，提高了备用冗余。

5) 先进性

综合布线采用光纤与双绞线混合布线方式，极为合理地构成了一套完整的布线。所有布线均采用世界上最新的通信标准，链路均按 8 芯双绞线配置。超 5 类双绞线带宽可达 100 MHz，6 类双绞线带宽可达 250 MHz，超 6 类双绞线带宽能达 500 MHz。针对特殊用户的需求，可把光纤引到桌面(Fiber To The Desk)。综合布线的语音干线部分用铜缆，数据干线部分用光缆，为同时传输多路实时多媒体信息提供了足够的带宽容量。

6) 经济性

综合布线比传统布线更具经济性的优点，主要是因为综合布线可适应相当长的时间需求，传统布线改造很费时间，耽误工作造成的损失更是无法用金钱计算的。

通过上面的讨论可知，综合布线能较好地解决了传统布线方法存在的许多问题。随着科学技术的迅猛发展，人们对信息资源共享的要求越来越迫切，促使以电话业务为主的通信网逐渐向综合业务数字网(ISDN)和 VoIP 等技术过渡，而且人们越来越重视能够同时提供语音、数据和视频传输的集成通信网。因此，综合布线取代单一、昂贵、复杂的传统布线，是"信息时代"的要求，是历史发展的必然趋势。随着无线网以及物联网的迅速发展，未来综合布线系统除了要满足语音以及数据传输的相关需求外，还应兼顾无线网的高速接入要求，如 IEEE 802.11ac 对接入速率的要求已超过 1000 Mb/s，而选择合适的综合布线产品是至关重要的。

用户的网络系统必须具有一定的容错能力，能保障在意外情况下不中断用户的正常工作。选用的技术和设备应是成熟的、标准化的。在条件允许的前提下，主干网上和各种设备应有冗余备份，机房设计要有不间断电源。

2.4.2 系统方案

家庭综合布线系统是指将电视、电话、电脑网络、多媒体影音中心、自动报警装置等设计进行集中控制的电子系统，即家庭中由这些线缆连接的设备都可由一个设备集中控制，以前它们是"各自为政"的。因为它们与提供电能的系统不同(如电源线)，并且它们传输电压不高(一般在 12 V 左右)，故像这类线缆组成的系统被称为弱电布线系统。

一般的综合布线系统主要由信息接入箱、信号线和信号端口组成。如果将综合布线系统比作家居的神经系统，信息接入箱就是大脑，而信号线和信号端口就是神经和神经末梢。信息接入箱的作用是控制输入和输出的电子信号；信号线则是传输电子信号；信号端口则用于接终端设备。例如，电视机、电话、电脑等。一般比较初级的信息接入箱至少能控制有线电视信号、电话语音信号和网络数字信号这三种电子信号；而较高级的信息接入箱则能控制视频、音频(或 AV)信号。如果读者所在的社区提供相应的服务，还可实现电子监控、自动报警、远程抄水电煤气表等一系列功能。

一个典型的家庭综合布线系统的组成示意图如图 2-34 所示。

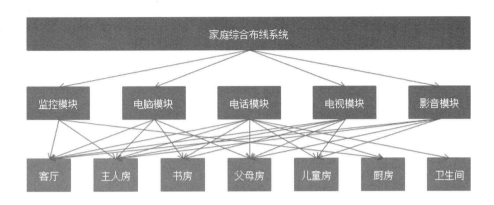

图 2-34 家庭综合布线系统

图 2-34 所示系统是一个包括有分布装置、各种线缆，以及各个信息出口的标准接插件的集成系统，各部件均采用模块化设计和分层星型拓扑结构，各个功能模块和线路相对独立，单个家电设备或线路出现故障，不会影响其他家电的使用。家用综合布线管理系统的分布装置主要由监控模块、电脑模块、电话模块、电视模块、影音模块及扩展接口等组成，功能上主要有接入、分配、转接和维护管理。根据用户的实际需求，可以灵活组合、使用，从而支持电话/传真、上网、有线电视、家庭影院、音乐欣赏、视频点播、消防报警、安全防盗、空调自控、照明控制、煤气泄露报警和水/电/煤气三表自动抄送(后两项功能需要社区能提供相应的服务)等各种应用。

1) 信息接入箱

信息接入箱又称多媒体信息箱，顾名思义是较弱电压线路的集中箱，一般用于现代家居装修中，如网线、电话线、电脑的显示器、USB 线、电视的 VGA、天线等都可以放置其中，而弱电箱就是用来装这些设备和理线的，它不会让设备显得杂乱不好清理。信息接入箱主要用于对家庭弱电信号进行统一管理、分配布线，避免弱电信号受强电的干扰，提升家庭的生活质量。

图 2-35 所示的信息接入箱，其主要作用是将各个房间的弱电全部集中起来管理，里面含有不同的模块，例如有线电视的分支器，它可以把一条有线电视线分支为四五条分布到不同的房间里而不影响其传输性能，以实现家庭办公自动化、娱乐自动化、安全自动化、管理自动化。面板采用工程塑料 ABS+PC 为原料注塑成型，带有散热网孔，且不影响无线信号的传输。底盒采用镂空设计和万能背板，方便适配器等设备的安装。其特点是：外形美观、大方，安装方便、固定牢固；通用性广，翻转式网格设计，可兼容不同尺寸 ONU(如华为，中兴，烽火等)，节约了设备的安装空间，更对 Wi-Fi 无线信号无屏蔽影

响；扩展性强，可根据家庭的具体情况配置不同的模块(数据模块、语音模块、安防监控模块等)，实现三网合一；方便对家庭弱电信号的统一布线管理，使强弱电分开，避免了强电电流对弱电信号的干扰，提升了家庭生活质量。

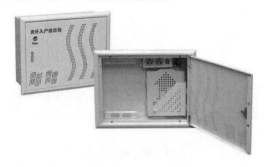

图 2-35　信息接入箱图示

2) 光纤适配器面板

在家庭综合布线系统中，光纤适配器面板是实现光纤到桌面解决方案的用户终端产品。其内部空间设计合理，可用于家庭或工作区，完成双芯光纤的接入及端口输出，也可充分满足光纤弯曲半径的要求，并保护好进出光纤，为纤芯提供安全的保护。光纤适配器适当的曲率半径，允许小量冗余光纤的盘存，能实现 FTTD(光纤到桌面)系统应用。光纤适配器面板的特点是：外形尺寸符合国标 86 型，又称 86 面板盒；适合 SC 单工适配器或 LC 双工适配器安装，可应用于工作区布线子系统；嵌入式面板框，安装方便，光纤适配器面板如图 2-36 所示。

图 2-36　光纤适配器面板

2.4.3　注意事项

根据多年结构化布线和故障排除的经验，我们总结出布线时需要注意的几点事项。只有在布线时注意这些，才能保证我们更顺畅的享受网络。

(1) 硬件要兼容。在网络设备选择上，尽量使所有网络设备都采用一家公司的产品，这样可以最大限度地减少高端与低端甚至是同等级别不同设备间的不兼容问题，而且不要为了省几十块钱而选择没有质量保证的网络基础材料，例如跳线、面板、网线等。这些东西在布线时都会安放在天花板或墙体中，出现问题后很难解决。同时，即使是大品牌的产品也要在安装前用专业工具检测一下质量是否合格。

(2) 正确端接。当我们完成结构化布线工作后，就应该把多余的线材、设备拿走，防止普通用户乱接这些线材。另外，有些时候，用户私自使用一分二线头这样的设备也会造成网络中出现广播风暴，因此布线时遵循严格的管理制度是必要的。布线后，不要遗留任何部件，因为使用者一般对网络不太熟悉，出现问题时很有可能病急乱投医，看到多余设备就会随便使用，使问题更加严重。

(3) 防磁。为什么电磁设备可以干扰到网络传输速度呢？因为在网线中走的是电信号，而大功率用电器附近会产生磁场，这个磁场又会对附近的网线起作用，生成新的电场，自然会出现信号减弱或丢失的情况。

需要注意的是，防止干扰除了要避开干扰源之外，网线接头的连接方式也是至关重要的。不管是采用 568A 还是 568B 标准来制作网线，至少要保证 1 和 2，3 和 6 是两对芯线，这样才能有较强的抗干扰能力。在结构化布线时，一定要事先把网线的路线设计好，远离大辐射设备与大的干扰源。

(4) 散热。高温环境下，设备总是频频出现故障。为什么会这样呢？使用过计算机的读者都知道，当 CPU 风扇散热不佳时计算机系统经常会死机或自动重启，网络设备更是如此。高速运行的 CPU 与核心组件需要在一个合适的工作环境下运转，温度太高会使它们损坏。设备散热工作是一定要做的，特别是对于核心设备以及服务器来说，需要把它们放置在一个专门的机房中进行管理，并且还需要配备空调等降温设备。

(5) 按规格连接线缆。众所周知，线缆有很多种，如交叉线、直通线等，不同的线缆在不同情况下有不同的用途。如果混淆种类随意使用就会出现网络不通的情况。因此在结构化布线时，一定要特别注意分清线缆的种类。线缆使用不符合要求就会出现网络不通的问题。

布线经验：虽然目前很多网络设备都支持 DIP 跳线功能，也就是说不管你连接的是正线还是反线，它都可以正常使用。但有些时候设备并不具备 DIP 功能，只有你在连线时特别注意了接线种类，才能避免不必要的故障。

(6) 留足网络接入点。通常，很多时候人们在结构化布线过程中没有考虑未来的升级性，网络接口数量很有限，刚够眼前使用。如果以后住宅布局出现变化的话，就会出现网络接口不够的问题。因此在结构化布线时需要事先留出多出一倍的网络接入点。

众所周知，网络的发展非常迅速，几年前还在为 10 Mb/s 到桌面而努力，而今已经是 100 Mb/s，甚至是 1000 Mb/s 到桌面了。网络的扩展性是需要我们重视的，谁都不想仅仅使用 2～3 年便对布线系统进行翻修、扩容，所以留出富裕的接入点是非常重要的，这样才能满足日后升级的需求。

2.4.4 施工方面

1) 明确要求、方法

施工负责人和技术人员要熟悉网络施工要求、施工方法、材料使用，并能向施工人员说明网络施工要求、施工方法、材料使用，而且要经常在施工现场指挥施工，检查质量，随时解决现场施工人员提出的问题。

2) 掌握环境资料

尽量掌握网络施工场所的环境资料，根据环境资料提出保证网络可靠性的防护措施：

(1) 为防止意外破坏，室外电缆一般应穿入埋在地下的管道内，如需架空，则应架高(高 4 米以上)，而且一定要固定在墙上或电线杆上，切勿搭架在电杆上、电线上、墙头上甚至门框、窗框上。室内电缆一般应铺设在墙壁顶端的电缆槽内。通信设备和各种电缆线都应加以固定，防止随意移动，影响系统的可靠性。

(2) 为了保护室内环境，室内要安装电缆槽。电缆应放在电缆槽内，全部电缆进房间、穿楼层均需打电缆洞，全部走线都要横平竖直。

3) 区分不同介质

为保证通信介质性能，需要根据介质材料特点，提出不同的施工要求。计算机网络系统的通信介质有许多种，不同通信介质的施工要求不同，具体如下：

(1) 光纤电缆。光纤电缆的施工要求如下：

① 光纤电缆铺设不应绞结；

② 敷设过程中蝶形光缆弯曲半径不应小于 30 mm，固定后蝶形光缆弯曲半径不应小于 15 mm；

③ 光纤裸露在室外的部分应加保护钢管，钢管应牢固地固定在墙壁上；

④ 光纤穿在地下管道中时，应加 PVC 管；

⑤ 光缆室内走线应安装在线槽内；

⑥ 光纤铺设应有胀缩余量，并且余量要适当，不可拉太紧或太松。

(2) 同轴粗缆。同轴粗缆的施工要求如下：

① 同轴粗缆铺设不应绞结和扭曲，应自然平直铺设；

② 同轴粗缆弯角半径应大于 30 cm；

③ 安装在同轴粗缆上的各工作站点的距离应大于 25 m；

④ 同轴粗缆接头安装要牢靠，并且要防止信号短路；

⑤ 同轴粗缆走线应在电缆槽内，防止电缆损坏；

⑥ 同轴粗缆铺设拉线时，不可用力过猛，防止扭曲；

⑦ 每一网络段的同轴粗缆应小于 500 m，数段同轴粗缆可以用同轴粗缆连接器连接使用，但总长度不可大于 500 m，连接器不可太多；

⑧ 每一网络段的同轴粗缆两端一定要安装终端器，其中有一个终端器必须接地；

⑨ 同轴粗缆可安装在室外，但要加防护措施，埋入地下和沿墙走线的部分要外加钢管，防止意外损坏。

(3) 同轴细缆。同轴细缆的施工要求如下：

① 同轴细缆铺设不应绞结；

② 同轴细缆弯角半径应大于 20 cm；

③ 安装在同轴细缆上的各工作站点的距离应大于 0.5 m；

④ 同轴细缆接头安装要牢靠，且应防止信号短路；

⑤ 同轴细缆走线应在电缆槽内，防止电缆损坏；

⑥ 同轴细缆铺设时，不可用力拉扯，防止拉断；

⑦ 一段同轴细缆应小于 183 m，183 m 以内的两段同轴细缆一般可用"T"头连接加长；

⑧ 两端一定要安装终端器，每段至少有一个终端器要接地；

⑨ 同轴细缆一般不可安装在室外，安装在室外的部分应加装套管。

4) 网络设备安装

(1) Hub 的安装。Hub 的安装要求如下：

① 应安装在干燥、干净的房间内；

② 应安装在固定的托架上；

③ 固定的托架一般应距地面 500 mm 以上；

④ 插入 Hub 的电缆线要固定在托架或墙上，防止意外脱落。

(2) 收发器的安装。收发器的安装要求如下：

① 选好收发器安装在同轴粗缆上的位置(收发器在同轴粗缆上安装,两个收发器最短距离应为 25 m);

② 用收发器安装专用工具,在同轴粗缆上钻孔,钻孔时要钻在同轴粗缆中间位置,要钻到底(即钻头全部钻入);

③ 安装收发器连接器,收发器连接器上有三根针(中间一只信号针,信号针两边各有一只接地针),信号针要垂直接入同轴粗缆上的孔中,并上好固定螺栓(要保证安装紧固);

④ 用万用表测信号针和接地针间的电阻,电阻值约为 25 Ω(同轴粗缆两端的粗缆终端器已安装好),如电阻无穷大,一般是信号针与同轴粗缆芯没接触上,或收发器连接器固定不紧,或钻孔时没有钻到底,需要重新钻孔或再用力把收发器连接器固定紧;

⑤ 安装好收发器,固定好螺钉;

⑥ 收发器要固定在墙上或托架上,不可悬挂在空中;

⑦ 安装好收发器电缆;

⑧ 收发器电缆首先与同轴粗缆平行走一段,然后拐弯,以保证收发器电缆插头与收发器连接可靠。

(3) 网卡安装。网卡的安装要求如下:

① 网卡安装时,不要选计算机最边上的插槽,因为最边上的插槽上有机器框架,会影响网络电缆的拔插,给调试带来不便;

② 网卡安装与其他计算机卡安装方法一样,因网卡有外接线,故网卡一定要用螺钉固定在计算机的机架上。

(4) 网络设备安装的步骤。为保证网络安装的质量,网络设备的安装应遵循如下步骤:

① 阅读设备手册和设备安装说明书;

② 设备开箱后,要按装箱单进行清点,并对设备外观进行检查,认真详细地做好记录;

③ 设备就位;

④ 安装工作应从服务器开始,按说明书要求逐一接好电缆;

⑤ 逐台设备进行加电,做好自检;

⑥ 逐台设备连到服务器上,进行联机检查,若出现问题则应逐一解决,有故障的设备应留在最后解决。

⑦ 安装系统软件,进行主系统的联调工作;

⑧ 安装各工作站软件,各工作站可正常上网工作;

⑨ 逐个解决遗留的所有问题；

⑩ 用户按操作规程可任意上机检查，熟悉网络系统的各种功能；

⑪ 试运行开始。

4) 注意事项

(1) 构架设计合理，保证合适的线缆弯曲半径。上下左右绕过其他线槽时，转弯坡度要平缓，重点注意两端线缆下垂受力后是否还能在不压损线缆的前提下盖上盖板。

(2) 放线过程中，主要是注意对拉力的控制。对于带卷轴包装的线缆，建议两头至少各安排一名工人，把卷轴套在笔直的拉线杆上，放线端的工人先从卷轴箱内预拉出一部分线缆，供合作者在管线另一端抽取，预拉出的线不能过多，避免多根线在场地上缠绕。

(3) 拉线工序结束后，两端流出的冗余线缆要整理和保护好。盘线时，要顺着原来的旋转方向，线圈直径不要太小，有可能的话用废线头在桥架、吊顶上，或纸箱内，做好标注，提醒其他人员勿踩勿动。

(4) 在整理、捆扎和安置线缆时，冗余线缆不要太长，不要让线缆叠加受力。线圈顺势盘整，固定扎线绳不要勒得过紧。

(5) 在整个施工期间，工艺流程应及时通报，各工种负责人做好沟通，发现问题马上通知甲方，在其他后续工种开始前及时完成本工种任务。

(6) 如果安装的是非屏蔽双绞线，对接地要求不高，可在与机柜相连的主线槽处接地。

(7) 线槽的规格是：线槽的横截面积留 40%的富余量以备扩充，超 5 类双绞线的横截面积为 0.3 cm^2。线槽安装时，应注意与强电线槽的隔离。布线系统应避免与强电线路在无线屏蔽、距离小于 20 cm 情况下平行走 3 m 以上。如果无法避免，该段线槽需采取屏蔽隔离措施。进入家居的电缆线管由最近的吊顶线槽沿隔墙到地面，并从地面镗槽埋管到家居隔墙，管槽过渡、接口不应有毛刺，线槽过渡要平滑，线管超过两个弯头必须留分线盒，墙装底盒安装应该距地面 30 cm 以上，并与其他地面保持等高、平行，线管采用镀锌薄壁钢管或 PVC。

综上所述，综合布线系统要综合考虑。由于结构化布线大多数都是由布线工人完成的，这些工人都拥有专业的布线合格证，因此大多数故障都是可以避免的。不过，在铺设线路时仍然需要我们对技术把关，只有我们注意到了上面提到的这些常见问题，才能真正地在结构化布线中做到"少出钱、多办事、办好事、不坏事"。

综合布线需求者不能只一味追求产品的价格，应考虑到综合布线是属于生命周期长的隐蔽工程，不能只追成本，更要考虑长期的使用。

2.5 工器具仪表

2.5.1 光纤熔接机和光纤切割刀的使用须知

1) 光纤熔接机的使用须知

(1) 光纤熔接机使用后，应及时清理，打开防风罩盖，用一根蘸有酒精的细棉签清洁 V 型槽的底部，并用干棉签擦去多余的残留在 V 型槽内的酒精，如图 2-37 所示。

(2) 清洁光纤压脚，光纤熔接机的光纤压脚的清洁如图 2-38 所示。

图 2-37　光纤熔接机 V 型槽的清理

图 2-38　光纤熔接机的光纤压脚的清洁

(3) 放电校正，执行放电校正来解决熔接位置相对放电中心偏移的问题，如图 2-39 所示。

图 2-39　执行放电校正

2) 光纤切割刀的使用须知

(1) 不要将光纤切割刀存放在潮湿或充满灰尘的环境中。

(2) 清洁光纤切割刀时，必须使用浓度 99%的工业酒精，不要使用带有腐蚀性的液体进行清洁。

(3) 切勿将光纤切割刀放置于高温环境中，防止其受热变形。

(4) 光纤切割刀使用完毕后，应清理残留光纤。

(5) 光纤切割刀使用完毕后，应装入保护袋中，防止外力碰撞和灰尘影响，如图 2-40 所示。

图 2-40　将光纤切割刀装入保护袋中

(6) 光纤切割刀使用完毕后，应在刀片侧放置海绵填充物加以保护，如图 2-41 所示。

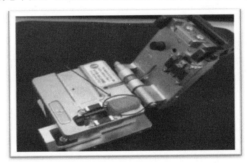

图 2-41　在光纤切割刀刀片侧放置海绵填充物

(7) 清洁光纤切割刀刀片时，切勿用手直接接触，防止被划伤，如图 2-42 所示。

图 2-42　切勿用手直接清洁光纤切割刀刀片

(8) 应定期使用棉花棒蘸酒精对光纤切割刀刀面和压接处进行清洁，如图 2-43、图 2-44 和图 2-45 所示。

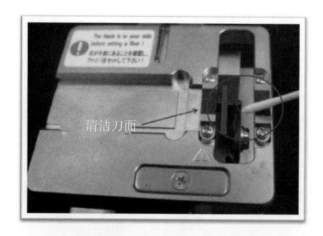

图 2-43 清洁光纤切割刀刀面

图 2-44 清洁光纤切割刀压接处一

图 2-45 清洁光纤切割刀压接处二

(9) 光纤切割刀刀面共有 12～16 个刻度，一般一个刻度可以切割 3000 芯左右，整个刀片的使用寿命在 36 000～48 000 芯，如图 2-46 所示。保养和使用习惯直接影响光纤切割刀的使用寿命。当出现无法切割或切割不畅的情况时，应清洁光纤切割刀刀面。如果清洁光纤切割刀刀面后仍无法正常切割，应该及时对刻度进行调整，刻度用完时，应更换刀片。

图 2-46　光纤切割刀的刻度

2.5.2　米勒钳和光功率计的使用须知

1) 米勒钳的使用须知

(1) 米勒钳使用后，需要及时清理，要将钳口上残余的涂覆层清除干净，如图 2-47 所示。

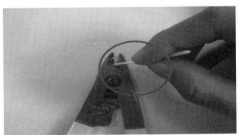

图 2-47　清理米勒钳口残余的涂覆层

(2) 米勒钳使用后，应保持钳口闭合状态，用锁扣锁住钳口，如图 2-48 所示。

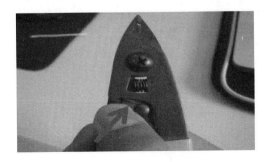

图 2-48　闭合并锁住米勒钳钳口

2) 光功率计的使用须知

(1) 选择购买带有电池电量提示的光功率计。因为当电池电量不足时，可能会对光功率计测试的准确率造成影响，带有电量提示的光功率计如图 2-49 所示。

(2) 光功率计使用完毕后，应将保护帽盖上，如图 2-50 所示。

图 2-49　带有电量提示的光功率计　　　　图 2-50　光功率计的保护帽

(3) 在光功率计的适配器接口上插拔活动连接器时，应规范操作，防止适配器接口损坏，因为部分测试仪专用的适配器的价格是十分昂贵的，如图 2-51 所示。

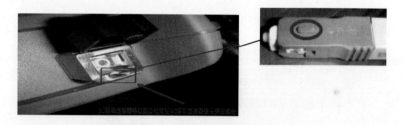

图 2-51　光功率计的适配器接口

(4) 光功率计适配器接口应定期清洁，清洁应考虑采用清洁枪或酒精棉花签，如图 2-52 所示。

图 2-52　清洁光功率计的适配器接口

(5) 光功率计应定期保养检测。

2.5.3　适配器的使用须知

适配器的使用须知如下：

(1) 适配器的质量以及插拔方式直接决定着适配器的使用寿命，一般使用寿命为 500 次左右。

(2) 暴露在外且没有保护措施的适配器在使用前应进行清洁，不能使用的应及时更换，如图 2-53 所示。

图 2-53　清洁及更换适配器

(3) 适配器和活动连接器的使用必须规范，防止因受到外力的影响而损坏，如图 2-54、图 2-55 和图 2-56 所示。

图 2-54　使用适配器和活动连接器一

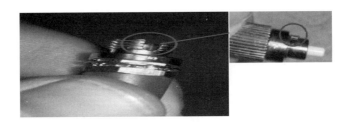

图 2-55　使用适配器和活动连接器二

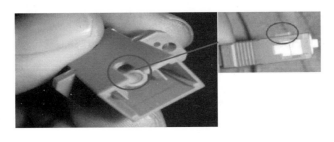

图 2-56　使用适配器和活动连接器三

（4）适配器不使用时，应盖好封尘帽盖，如图 2-57 所示。

图 2-57　盖好适配器的封尘帽盖

2.5.4　光纤跳线尾纤的使用须知

光纤跳线尾纤的使用须知如下：

（1）光纤跳线尾纤不使用的时候，应密封保存，并将活动连接器用封尘帽盖盖好，并将它保持弧度盘成圈，防止损伤，如图 2-58 所示。

图 2-58　光纤跳线尾纤的密封保存

（2）光纤跳线尾纤插头寿命一般为可插拔 1000 次左右。

（3）光纤跳线尾纤及其活动连接器插头的使用注意事项，如图 2-59 所示，不要任意扭转、挤压、弯曲、拽拉光纤尾纤部分，切勿斜向插入适配器中。

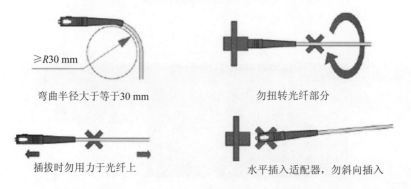

图 2-59　光纤跳线尾纤及其活动连接器插头的使用注意事项

2.5.5 手持式维护终端(PDA)的使用须知

以 PDA ST327 装维专用综合维护终端为例,该终端集工业智能机、GPS 定位、LAN 测试、光功率测试、红光源、场强仪、电话等功能于一身,如图 2-60 所示。

图 2-60 PDA ST327 装维专用综合维护终端

PDA ST327 的基本功能介绍如下:

(1) 下拉菜单。下拉菜单的操作界面如图 2-61 所示。

图 2-61 操作界面

网卡属性设置，如图 2-62 所示。

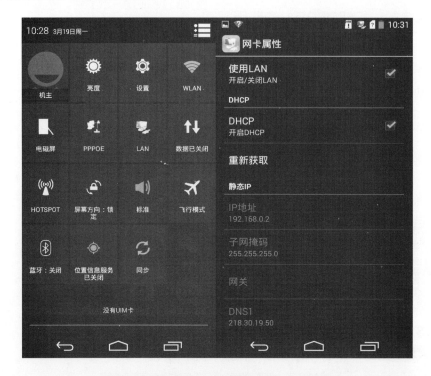

图 2-62　网卡属性设置

PPPOE 拨号设置，如图 2-63 所示。

图 2-63　PPPOE 拨号设置

(2) 装维测试。

① 光功率测试功能。内置的光功率测试端口,可用于测量 800~1700 nm 波长范围内以 nW、μW、mW、dBm 为单位的光功率的测量,设有 850 nm、1300 nm、1310 nm、1490 nm、1550 nm、1625 nm 6 个波长校准点。光功率测试可用于局域网、广域网、城域网、有线电视网或长途光纤网络系统等各种测试场合,与激光光源配合使用,能够精确测量光纤的损耗、检验光纤的连续性,并可帮助评估光纤链路的传输质量,如图 2-64 所示。

图 2-64　光功率测试功能

② 红光源。设备具备红光源输出,可以输出连续红光或 2 Hz 的调制光,相当于红光笔,如图 2-65 所示。

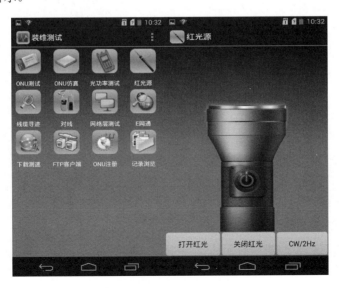

图 2-65　红光源功能

③ 网络层测试功能。网络层测试可以通过对局域网或外网进行网络层的 Ping、Ipconfig、Tracert、Route 测试，如图 2-66 所示。

图 2-66　网络层测试功能

④ E 网通测试功能。通过有线或 Wi-Fi 的方式，检测同网段下连接的设备信息，如图 2-67 所示。

图 2-67　E 网通测试功能

⑤ FTP 客户端功能。FTP 登录快捷界面，通过输入 FTP 服务器地址和用户名以及密码登录特定服务器，并可进行文件的上传和下载，如图 2-68 所示。

图 2-68　FTP 客户端功能

⑥ ONU 注册功能。设备支持 LAN 接入方式，可以实现对 PON 通信系统开通和维护过程中用户侧 ONU 设备的 LOID/SN 码/password 写入，仿真用户的 PC 或者代替笔记本上网，如图 2-69 所示。

图 2-69　ONU 注册功能

(3) 身份实名认证。设备具备身份实名认证功能，可准确识别二代居民身份证信息，如图 2-70 所示。

图 2-70　身份实名验证

(4) IPTV 故障诊断。

① 将 PDA 通过 LAN 口(开启 DHCP)串接在 ONU 与 IPTV 机顶盒之间，启动机顶盒播放节目，进入 IPTV 程序，如图 2-71 所示。

图 2-71　IPTV 测试

② 检测视频数据的丢包情况。当节目视频中出现了马赛克、花屏、卡片、黑屏或蓝屏时，即有丢包情况的产生。通过 RTP 丢包总数可以对用户的视频效果做出判断。通过检测到的视频，可以判断当前视频的清晰程度。IPTV 测试丢包情况如图 2-72 所示。判断标准如下：

- 标清：2～4 Mb/s；
- 高清：4～6 M/ps；
- 超高清：8～10 Mb/s。

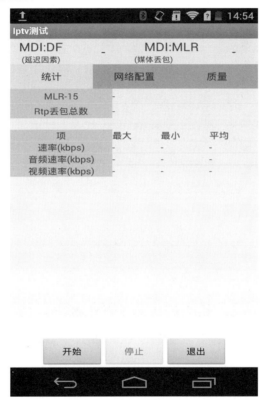

图 2-72　IPTV 测试丢包情况

③ 查看视频源的相关配置信息，对于视频流的具体故障问题进行分类分析，如图 2-73 所示。

(5) 使用注意事项。

IPTV 使用注意事项如下：

① 可自行安装软件，但不要太多，以免影响设备运行速度。

② 不要轻易恢复出厂设置，如果必须恢复出厂设置，请按照附件提示安装测试软件。

③ USB 口与 RJ-45 口不能同时使用，并且不能连接电脑。

④ 端口用完后，应及时盖好防尘盖。

⑤ WLAN 上网时，LAN 口不可用，即不能有线上网。

⑥ ONU 功能或千兆测速不用时，请及时断电关闭，以免影响电池续航。

⑦ 请注意保护屏幕，可自行贴保护膜保护。

⑧ 在手动设置 ONU 仿真时，必须要在 ONU 测试中的 ONU 设置中进行配置，主要是对认证下的 LOID，网络设置下的 VLAN ID、用户账号、密码做正确的输入，才能保证准确的连接。

图 2-73　故障分析

2.5.6　网线钳的使用须知

网线钳是用来压接网线或电话线和水晶头的工具，它有一个用于压线的六角缺口，一般这种压线钳也同时具有剥线、剪线的功能。

1) 网线钳的分类

网络钳按功能可分为单用、两用和三用。

(1) 单用网线钳的分类。

- 4P：可压接 4 芯线(电话接入线)，又称 4 Pin，即 4 针；
- 6P：可压接 6 芯线(电话话筒线 RJ-11：Registered Jack11，即已注册的插孔 11)；
- 8P：可压接 8 芯线(网线 RJ-45)。

(2) 两用网线钳就是上面规格的组合：4P+6P 或 4P+8P 或 6P+8P。

(3) 三用网络钳就是 4P+6P+8P。

2) 网线钳的使用步骤详解

(1) 第一步：去外皮。利用网线钳的剪线刀口或双绞线剥线器剪裁出计划需要使用到的双绞线长度(15 mm 左右)，如图 2-74 所示。

图 2-74　去外皮图示

(2) 第二步：剥线。用网线钳的剪线刀口将线头剪齐，再将线头放入剥线专用的刀口，稍微用力握紧压线钳慢慢旋转，让刀口划开双绞线的保护胶皮，把双绞线的灰色保护层剥掉，如图 2-75 所示。

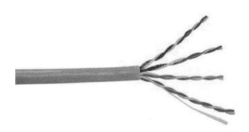

图 2-75　剥线图示

(3) 第三步：排列线缆。解开后，则根据接线的规则，把几组线缆依次地排列好并理顺。排列的时候，应该注意尽量避免线路的缠绕和重叠，排列线缆图示如图 2-76 所示。

图 2-76　排列线缆图示

(4) 第四步：剪齐双绞线头，如图 2-77 所示。将排列好线序的双绞线用压线钳的剪线口剪下，只剩约 12 mm 的长度，之所以留下这个长度是为了符合 EIA/TIA 的标准，要确保各色线的线头整齐、长度一致。

图 2-77　剪齐双绞线头图示

(5) 第五步：线缆插入水晶头内，如图 2-78 所示。将双绞线的每一根线依序放入 RJ-45 水晶头的引脚内，第一只引脚内应该放白橙色的线，其余类推。

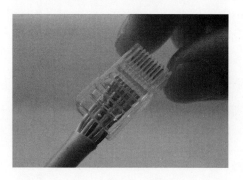

图 2-78　线缆插入水晶头图示

(6) 第六步：压线操作，如图 2-79 所示。确认无误之后就可以把水晶头插入网线钳的 8P 槽内压线了。把水晶头插入后，用力握紧线钳，把水晶头凸出在外面的针脚全部压入水晶头内，受力之后听到轻微的"啪"一声即可。

图 2-79　压线操作图示

3) 注意事项

(1) 去外皮操作中，应避免将外皮切去过长，内部缠绕线不宜做过多的解绕，因为这样会导致线间串扰增大。

(2) 在剥双绞线外皮时，手握压线钳要适当，不要使剥线刀刃口间隙过小，以防止损伤内部线芯。即使线芯没有完全被剪断，但双绞线在使用时经过多次拔插以后也非常容易折断。

(3) 在排列线序过程中，要确保各色线排列顺序准确。常用网线接头顺序为：橙白，橙，绿白，蓝，蓝白，绿，棕白，棕。

(4) 在剪线齐头的过程中，保留的长度要准确，各色线的切口要整齐。过长会出现外皮无法插入 RJ-45 水晶头中，缩短双绞线的使用寿命；过短或切口不齐会出现各色线不能完全插入 RJ-45 水晶头中，无法保证 RJ-45 水晶头的铜片被正常地压入色线中，也就无法保证网线的连通。

2.5.7 笔式红光源的使用须知

笔式红光源的使用须知：

(1) 红光源开启时，请勿直视其发射孔，严禁将光源射向他人或动物。

(2) 切勿在使用红光源对蝶形引入光缆进行测试的同时进行施工操作。

(3) 定期检查电池情况，并对开关部分施加保护措施，防止其在工具包内由于碰撞自动开启。

2.5.8 试电笔(验电笔)的使用须知

试电笔(验电笔)的使用须知：

(1) 普通低压验电笔电压测量范围在 60～500 V，低于 60 V 时验电氖泡可能不会显示，对可能高于 500 V 的电压，严禁使用验电笔来测量，防止触电事故。

(2) 使用验电笔前，先要检查验电笔内有无安全电阻，验电笔是否损坏，有无受潮或进水，经检查没有问题后方能使用。

(3) 使用验电笔前，还应检查氖泡是否发光，正常发光方可使用。在明亮光线处测试时，应注意避光，以防止光线太过强烈，导致无法辨别氖泡的发光情况。

(4) 液晶数字式验电笔，显示值可能存在误差。

2.5.9　螺丝刀的使用须知

螺丝刀的使用须知：

(1) 螺丝刀手柄要保持清洁干燥，防止带电操作时发生漏电。

(2) 在使用螺丝刀时，用力要均匀，防止侧滑导致的划伤或触电。

(3) 不要将螺丝刀当作凿子或錾子使用，避免损坏螺丝刀。

2.5.10　钢丝钳的使用须知

钢丝钳的使用须知：

(1) 一般钢丝钳的绝缘护套只能耐 500 V 以下的电压。

(2) 切勿损坏绝缘手柄，并注意防潮。

(3) 钳轴要经常加油保养，以防生锈。

(4) 操作的时候，注意手与钢丝钳的金属部分保持 2 cm 以上的距离。

2.5.11　尖嘴钳的使用须知

尖嘴钳的使用须知：

(1) 一般尖嘴钳的绝缘护套只能耐 500 V 以下的电压。

(2) 使用尖嘴钳时，手应离金属部分的距离为 2 cm 以上。

(3) 尖嘴钳要注意防潮保护，绝缘护套应保持完好无老化。

(4) 尖嘴钳尖细部分钳夹物体不可过大，用力不可过猛，以防损坏钳头。

(5) 钳轴要经常加油保养，以防生锈。

2.5.12　电工刀的使用须知

电工刀的使用须知：

(1) 使用电工刀时，用力要适当，以免伤及自身或他人。

(2) 电工刀刀柄可能不绝缘，不要使用其带电操作。

2.5.13　活动扳手的使用须知

活动扳手的使用须知：

(1) 活动扳手不能反向用力，应确保扳唇不受过多力量。

(2) 尽量不要将钢管套在其手柄上，以加大力臂。

(3) 切勿将活动扳手当锤子使用。

2.5.14　斜口钳(断线钳)的使用须知

斜口钳(继线钳)的使用须知：

(1) 一般电工用的绝缘斜口钳的耐压为 1000 V 以上，但使用之前应确认该斜口钳的耐压情况。

(2) 钳轴要经常加油保养，以防止生锈。

2.5.15　钢锯的使用须知

钢锯的使用须知：

(1) 安装锯条保持锯齿向前，锯弓要上紧。

(2) 锯齿一般分为粗齿、中齿、细齿。粗齿适用于铜、铝等金属材料的锯削，细齿适合于材质较硬的铁板以及穿线铁管和塑料管的锯削。

2.5.16　手锤(榔头)的使用须知

手锤(榔头)的使用须知：

(1) 手锤常用规格有 0.25 kg、0.50 kg、0.75 kg 等，柄长一般为 300～350 mm。施工时，应挑选合适的型号和规格。

(2) 防止锤头脱落，应打楔予以加固。

(3) 使用手锤的时候，应该手握木柄的尾部。

(4) 锤击的时候，用力要均匀，落点要准确。

2.5.17　手电钻的使用须知

手电钻的使用须知：

(1) 检查手电钻电源线是否破损老化，绝缘是否良好。

(2) 使用时，应检查手电钻使用的电源电压和额定电压是否一致。

(3) 钻头固定牢固，并要选择合适的钻头进行工作。

(4) 手电钻接通电源后，应该用验电笔检测其外壳，防止漏电。使用的时候，应戴绝缘防滑手套。

(5) 使用前，应空转一下，检查是否存在故障。

2.5.18　冲击电钻和电锤的使用须知

冲击电钻和电锤的使用须知：

(1) 操作前，应充分了解冲击电钻和电锤的使用方法，区分清楚"钻"和"锤"的调节方式。

(2) 检查冲击电钻和电锤的电源线是否破损老化，绝缘是否良好。

(3) 检查冲击电钻和电锤使用的电源电压与额定电压是否一致。

(4) 钻头应固定牢固，并要选择合适的钻头进行工作。

(5) 冲击电钻和电锤接通电源后，应该用验电笔检测其外壳，防止漏电。使用的时候，应戴绝缘防滑手套。

(6) 冲击电钻和电锤使用前，应空转一下，检查是否存在故障。

(7) 开钻前，应该通过图纸或金属探测装置探测墙内是否存在钢筋或电线，避免发生触电，遇到钢筋应及时退出，重新选择恰当位置开孔。

2.5.19　梯子的使用须知

梯子的使用须知：

(1) 木梯和竹梯在使用前应检查是否有开裂、虫蛀，两脚是否有防滑材料。

(2) 人字梯或伸缩梯应该在使用前检测其各器件的安全性，确保固定件或支撑件牢固可用。

(3) 直梯靠墙的安全角应为与地面夹角 $60°\sim75°$。

(4) 与各类带电体或电线应保持足够的安全距离。

(5) 伸缩梯应请生产厂方定期保养。

2.6　安全生产

装维施工具有点多面广、流动性大及工作环境复杂等诸多不安全因素，相较之下属于电信行业的高风险工种，所以安全生产是装维管理的头等大事。

2.6.1 通信施工维护作业安全要求

(1) 持证要求。登高架设作业人员、电工作业人员、电焊作业人员都必须持有安全生产监督管理部门核发的《特种作业操作证》，没有《特种作业操作证》的，严禁从事相应的特种作业。

(2) 五项禁令。

- 严禁穿戴或不正确穿戴安全和绝缘防护用品作业；
- 严禁在未检查并落实现场安全措施的情况下冒险作业；
- 严禁使用不安全、不合标准的工具、器材进行作业；
- 严禁酒后作业；
- 严禁违规和不按工作流程操作。

(3) 十不准。

- 施工现场没有安排措施不准作业；
- 没有安全措施不准带电作业；
- 没有使用安全防护用品不准操作；
- 不准使用不安全设备；
- 技术考核不合格不准独立操作；
- 临时用工不准私招乱雇；
- 不准酒后作业；
- 未经培训发证不准上杆作业；
- 不准擅自更改工程设计；
- 杆上杆下不准抛掷工具和材料。

2.6.2 特种劳动防护用品的配备与使用

劳动防护用品，是指由生产经营单位为从业人员配备的，使其在劳动过程中免遭或者减轻事故伤害及职业危害的个人防护装备，也是保护作业人身安全的最后一道防线。《安全生产法》第四十二条明确要求："生产经营单位必须为从业人员提供符合国家标准或者行业标准的劳动防护用品，并监督、教育从业人员按照使用规则佩戴、使用"。

(1) 安全帽。安全帽是指对人头部受坠落物及其他特定因素引起的伤害起防护作用的帽子。安全帽由帽壳、帽衬、下颏带、附件等组成。安全帽的使用须知：

① 从事线路施工人员、线路抢修人员、设备室外安装人员、维护登高作业人员等，在作业期间必须按照使用规则，正确佩戴安全帽。

② 佩戴安全帽时，必须戴正安全帽。应注意头顶最高点与帽壳内表面之间的轴向距离(垂直间距)应小于等于 50 mm。按头围的大小调节锁紧卡，并系紧下颏带。

③ 班组应经常检查安全帽是否完好。当发现帽衬内顶戴、护带、托带、拴绳、下颏带、插件损坏等异常情形之一时，应停止使用并及时修复。不允许采取更换内衬的方法，超期限使用安全帽。

④ 安全帽不应贮存在酸、碱、高温、日晒、潮湿等处所，更不可和工具、硬物堆放在一起。有条件的情况下，安全帽可编号，实行定人、定帽。施工现场禁止存放已破损的或不符合安全性能要求的安全帽。

(2) 安全带。安全带是防止高处作业人员发生坠落或发生坠落后将作业人员安全悬挂的个体防护装备。安全带的使用须知：

① 凡是在坠落高度基准面 2 米及以上有可能坠落的高处进行作业时，必须使用符合 GB 6095《安全带》规定的安全带。施工中，应根据专业及作业场所情况，选用不同的安全带。线路电杆上作业可选用"围杆作业安全带"；在吊板上作业应选用"悬挂单腰式安全带"。

② 安全带在每次使用前必须全面检查，当发现织带与围杆绳磨损、折痕、破损，弹簧扣、卡子、环、钩不灵活或不能扣牢，金属配件腐蚀、变形等异常情形之一时，应停止使用。

③ 坠落距离同安全带挂点与佩戴者的相对位置密切相关。发生高处坠落时，高挂对人体的威胁最小，低挂对人体的威胁最大。因此，使用安全带时，挂点与佩戴者相对位置应做到高挂低用。安全带必须挂在有坚固钝边的结构物上，该结构物应能承受坠落的冲击力。要注意防止安全带摆动与碰撞，不准将绳打结使用。

④ 安全带上的各种部件不得任意拆掉，更换新绳时要注意加绳套。禁止使用一般绳索、皮线等代替安全绳。安全带应防止日晒、雨淋和霉变，应储藏在干燥和通风的仓库内，不准接触120度以上的高温、明火、强酸和尖锐的坚硬物体。

⑤ 使用频繁的绳，应经常做外观检查，发现异常时，应立即更换新绳。

(3) 电绝缘鞋。电绝缘鞋是特种劳动防护用品，对防止施工过程中的直接接触电击伤害有重要预防和保护作用。电绝缘鞋的使用须知：

① 施工及维护人员在工作期间应按规定穿着符合 GB 12011《足部防护电绝缘鞋》规定的电绝缘鞋。线路专业的施工人员、抢修、维护人员，设备专业的涉电操作人员、登高作业人员等，必须穿着能够耐不低于 5 kV 电压的高腰电绝缘皮鞋或高腰电绝缘布面胶鞋，鞋底必须具备防滑功能。

② 严禁穿凉鞋、皮鞋、旅游鞋、休闲鞋、布鞋等进入施工现场。业主对进入机房有穿鞋套等要求时，应按业主的规定执行。

③ 严禁穿着内、外潮湿的电绝缘鞋或在积水的环境中使用。穿着和保管过程中应避免与高温、酸、碱及其他腐蚀性化学物质接触，以免使用和保管不当造成鞋底的变形和断裂。

2.6.3 安全警示标志

安全警示标志(安全标志)目的是引起人们对不安全因素、不安全环境的注意，预防事故的发生。安全标志必须含义简明、清晰易辨、引人注目，避免使用过多的文字说明，使人一目了然。在 2009 年 10 月 1 日起实施的国家标准 GB 2894《安全标志》中，总共规定了禁止、警告、指令和提示 4 大类型的安全标志。

(1) 禁止标志。禁止标志是禁止人们不安全行为的图形标志。常见的禁止标志有：禁止吸烟、禁止烟火、禁止用水灭火、禁止启动、禁止合闸、禁止攀登、禁止入内、禁止触摸、禁止跨越、禁止跳下、禁止通行、禁止靠近等。

禁止标志的基本形式是带斜杠的圆边框，禁止标志圆环内的图像用黑色描画，背景用白色；说明文字设在几何图形的下面，文字用白色，背景用红色。禁止标志如图 2-80 所示。

禁止攀登　　　　禁止吸烟　　　　禁止合闸

图 2-80　禁止标志

(2) 警告标志。警告标志是提醒人们对周围环境引起注意，以避免可能发生危险的图形标志，如图 2-81 所示。常见的警告标志有：当心触电、当心坠落、注意安全、当心火灾、当心爆炸、当心中毒、当心电缆、当心吊物、当心落物、当心坑洞、当心车辆等。

当心触电　　　　　　当心坠落

图 2-81　警告标志

警告标志的基本形式是正三角形边框，三角形的颜色用黄色，三角形边框和三角形内的图像均用黑色。

(3) 指令标志。指令标志是强制人们必须做出某种动作或采用防范措施的图形标志，如图 2-82 所示。常见的指令标志有：必须戴安全帽、必须系安全带、必须戴防毒面具、必须戴防尘口罩、必须戴防护手套、必须穿救生衣、必须戴防护眼镜等。

必须戴防护眼镜　　　　　必须系安全带

图 2-82　指令标志

指令标志的基本形式是圆形边框。圆形内配上指令含义的蓝色，并用白色图形符号表示必须履行的事项，构成指令标志。

(4) 提示标志。提示标志是向人们提供某种信息(如标明安全设施或场所等)的图形标志，如图 2-83 所示。常见的提示标志有：紧急出口、可动火区、击碎板面、应急电话、应急避难场所、急救点、避险处等。

紧急出口　　　　　　避险处

图 2-83　提示标志

提示标志的基本形式是正方形边框，以绿色为背景的长方形几何图形，配以白色的文字和图形符号，并用白色箭头表明目标的方向，构成提示标志。

2.6.4 一般常用工具

施工及维护作业时，必须选择合适工具，正确使用，不能任意代替。工具应保持完好无损，牢固适用，还应定期进行检查，发现损坏时应及时修理或更换。

(1) 一般工具使用要点。

① 电工器具、仪表的电源线不应随意接长或拆换；插头、插座应符合国家相关标准，不得任意拆除或调换。

② 长条形工具或较大的工具应平放。长条形工具不得靠墙、靠汽车或靠电杆倚立。

③ 使用带金属的工具时，应避免触碰电力线或带电物体。

④ 作业时，施工作业人员不得将有锋刃的工具(如钻、凿、刀、斧、锯、刨等)插入腰间或放在衣服口袋内。运输或存放这些工具时，应平放，锋刃口不可朝上或向外，放入工具袋时刃口应向下。使用过程中，禁止将此类工具放置在走线架、机架上面及金属梯等高处，以免落下伤人。

⑤ 工具、器械的安装应牢固，松紧适当，防止使用过程中脱落和断裂，以免发生危险。传递工具时，不得上扔下掷；放置较大的工具和材料时，必须平放，以免伤人。

⑥ 使用扳手、钳子前，应进行检查。活动部件损坏或活动不自如时，不宜使用，不准相互替代或加长把柄。各类起子、扳手等工具应做好绝缘。起子除起口裸露外的金属部分，其他部分都可用热缩套管或绝缘胶带绝缘。起子的裸露部分不应超过 10 mm，绝缘部分如有破损需及时重新绝缘。扳手除扳口外，其他金属部分可用热缩套管或绝缘胶带绝缘。

⑦ 使用剪子、刨缆刀、壁纸刀、穿针、钩针、断线钳等工具时，刀口应向下，用力应均匀。

⑧ 使用钢直尺、钢卷尺时，不得在用电设备内进行比量，防止触碰带电体。钢卷尺使用完后，要慢速收回。

⑨ 使用手锤、榔头时，不应戴手套，抡锤人对面不得站人。铁锤木柄应牢固，木柄与锤头连接处应用楔子固定牢固，防止锤头脱落。

⑩ 使用铁锹、铁镐时，应与他人保持一定的安全距离，锹把、镐把的安装应牢固，劈裂、折断的把柄不准再使用。

⑪ 安装锯条应松紧适度，使用钢锯时要用力均匀，不要左右晃动，以防锯条折断伤人。

⑫ 使用各种吊拉绳索(大、小绳)和钢丝绳前,必须进行检查。如有磨损、断股、腐蚀、霉烂、碾压伤、烧伤现象之一者禁止使用。承重时应试拉,绳索应符合承重范围;在电力线下方或附近,不准使用钢丝绳、铁丝或潮湿的绳索牵拉吊线等作业。

⑬ 滑车、紧线器应定期进行注油保养,保持活动部位活动自如。使用时,不得以小代大或以大代小。紧线器手柄不得加装套管或接长。

(2) 梯子的使用要点。

① 选用的梯子应能满足承重要求,长度适当,方便操作。带电作业或在运行的设备附近作业时,应选择绝缘梯子。

② 使用梯子前,应确认梯子是否完好。梯子配件应齐全,各部位连接应牢固,梯梁与踏板无歪斜、折断、松弛、破裂、腐朽、扭曲、变形等缺陷。折叠梯、伸缩梯应活动自如。伸缩梯的绳索应无破损和断股现象。金属梯踏板应做防滑处理,梯脚应装防滑绝缘橡胶垫。

③ 移动超过 5 m 长的梯子时,应由两个人抬,且不得在移动的梯子上面摆放任何物品。上方有线缆或其他障碍物的地方,不得举梯移动。

④ 梯子应安置平稳可靠,放置基础及所搭靠的支撑物应稳固,并能承受梯上最大负荷,地面应平整、无杂物、不湿滑。当梯子靠在电杆上时,上端应绑扎 U 型铁线环或用绳子将梯子上端固定在电杆或吊线上。

⑤ 梯子放置的斜度要适当,梯子上端的接触点与下端支撑点之间的水平距离宜等于接触点和支撑点之间距离的 1/4~1/30。当梯子搭靠在吊线上时,梯子上端至少高出吊线 30 cm (梯子上端装铁钩的除外),但高出部分不得超过梯子高度的 1/30。

⑥ 使用直梯或较高的人字梯时,应有专人扶梯。直梯不用时,应随时平放。

⑦ 在通道、走道使用梯子时,应有人监护或设置围栏,并贴置"勿碰撞"的安全警示标志;如果梯子靠放在门前,应锁闭房门。

⑧ 使用人字梯时,搭扣应扣牢。不得将人字梯合拢作为直梯使用。

⑨ 伸缩梯伸缩长度严禁超过其规定值。在电力线、电力设备下方或危险范围内,严禁使用金属伸缩梯。

⑩ 上下梯子时,应面向梯子,保持三点接触,不得携带笨重工具和材料。

⑪ 在梯子上工作时,应穿防滑鞋,不得两人或两个以上的人在同一梯子上工作或上下,不得斜着身子远探工作,不得单脚踏梯,不得用腿、脚移动梯子,不得坐在梯子上操作。使用直梯时,应站在距离梯顶不少于 1 m 的梯蹬上。

⑫ 严禁将走线架当作梯子使用。

(3) 脚扣的使用要点。

① 使用脚扣登杆作业前，应检查脚扣是否完好，当出现橡胶套管(橡胶板)破损、离股、老化，螺丝脱落，弯钩或脚蹬板扭曲、变形、开焊、裂痕，脚扣带坏损等情况时，不得使用。不得用电话线或其他绳索替代脚扣带。

② 检查脚扣的安全性时，应把脚扣卡在离地面 30 cm 的电杆上，一脚悬起，另一脚套在脚扣上用力踏踩，没有任何受损变形迹象，方可使用。

③ 使用脚扣不准抛摔，齿杆不准扩大或缩小，亦不准以大代小或以小代大。不准将脚扣与酸、碱性物质存放在一起。

(4) 吊板的使用要点。

① 在跨越铁路、公路挡杆安装光(电)缆挂钩和拆除吊线滑轮时，严禁使用吊板。

② 使用前，应检查铁链与坐板、挂钩的捆扎是否牢固。坐板劈裂、腐朽，或吊板上的挂钩已磨损 1/4 时，不得再使用。

③ 在 2.0/7 规格以下的吊线上作业时，不得使用吊板。在一个挡杆内，不准两人同坐一个吊板。

④ 在电杆与墙壁之间或墙壁与墙壁之间的吊线上，不得使用吊板。

⑤ 有大风等危险情况时必须停止使用吊板作业。

⑥ 坐吊板作业时，应佩戴安全带，并将安全带挂在吊线上，地面上应有专人进行滑动牵引或控制保护。

⑦ 坐吊板过吊线接头时，应使用梯子。经过电杆时，应使用脚扣或梯子，不得爬抱电杆而过。

⑧ 坐吊板作业时，必须注意保持与电力线的安全距离。在吊线周围 0.7 m 以内有电力线时，不得使用吊板作业。

(5) 喷灯的使用要点。

① 喷灯应使用规定的油品，不得随意代用。存放时，应远离火源。

② 点燃或修理喷灯时，应与易燃、可燃的物品保持安全距离。向高处传递喷灯时，应使用绳子吊运。

③ 不得使用漏油、漏气的喷灯，不得使用喷灯烧水、做饭，不得将燃烧的喷灯倒放，不得对燃烧的喷灯加油。

④ 喷灯使用完后，应及时关闭油门并放气，避免喷嘴堵塞。

⑤ 气体燃料喷灯应随用随点，不用时应立即关闭。

(6) 射钉枪的使用要点。

① 必须了解被射物体的厚度、质量、墙内暗管和墙后面安装的设备，是否符合射钉的要求，如白灰土缝墙、空心砖墙、泡沫砖墙不能使用射钉，墙面灰皮刮掉见到砖后，才能射击。要求被射物构件厚度大于射钉长度的 2.5 倍。射入点距离建筑物边缘不要过近(不小于 10 cm)，以防墙构件碎裂伤人。往金属板上射钉时，金属板厚度不得小于 10 mm，材质必须是 G3 以下的，射钉直径不得大于 10 mm。

② 必须查看沿射击方向的情况，防止射钉射穿后对其他设备及人身造成损害。在2.5 m 高度以下射击时，射击方向的物体背后禁止有人。

③ 弹药一经装入弹仓，射手不得离开射击地点，同时枪不离手，更不得随意转动枪口，严禁对着人开玩笑，防止走火发生意外事故，并尽量缩短射击时间。

④ 在操作时，要佩戴防护镜、手套和耳塞，在高处作业时，必须拴有安全带。周围严禁有闲人，以防发生意外。

⑤ 发射时，枪管与防护罩必须紧紧贴在被射击平面上，严禁在凹凸不平的物体上发射。当第一枪未射入或未射牢固，严禁在原位补射第二枪，以防射钉穿出发生事故。在任何情况下，都不准卸下防护罩射击。

⑥ 当发现有"臭弹"或发射不灵现象时，应将枪身掀开，把子弹取出，查找出原因之后再使用。

(7) 光纤熔接机的使用要点。

① 使用前，仪器的工作电压必须符合标准，各部件要确保完好，并注意安全警示标志。

② 使用时，必须有接地保护。禁止在有易燃液体或气体的环境下使用。

③ 作业时，不准触摸电极棒。更换电极棒时，应先关机，待放电后再进行。

④ 设备表面有水汽凝结或湿手时，不准进行操作或触摸机器，以免发生电击。

⑤ 从加热器内取出热缩管时，不准立即用手触摸，必须待热缩管自然冷却后才可继续作业。

2.6.5 电气用具和焊接用具

(1) 一般电气用具使用要点。

① 使用电气用具前，必须检查有无短路、绝缘不良、导线外露、插头和插座破裂松动、零件螺丝松脱等不正常现象。若发现有不妥之处，应立即停止使用。

② 各种电气用具和电源相接之处，应设置开关或插销，不得随意插挂。

③ 各种电气用具,如电烙铁、电扇、手电钻、电炉等使用时,需要有良好的接地装置,否则不可使用。

④ 电气用具的电线,必须放置妥当,特别是室外使用时,应防止绊住行人和被车辆压坏。

⑤ 人孔内应用工作手灯照明时,电压不超过 36 V,在潮湿的沟、坑内用的工作手灯电压不超过 12 V。汽车电瓶作电源时,应放在人孔内或沟坑以外。

⑥ 使用移动式的发电设备和配电设备及电动设备时,应指定熟练电工进行操作;检修时必须停止使用,切断电源。

⑦ 固定式的电动设备,如电刨、电锯、车床等电动器具,必须由专业工作人员进行操作,非专业人员禁止使用。一切机械和重要附件,应定期检查。电动机或露在外面的齿轮、转轴、皮带轮等,应加保护外罩。

⑧ 各电气用具的使用,必须严格按"安全操作规程"执行。

(2) 电烙铁的使用要点。

① 电烙铁不准放在地面和木板上,应放在搁架上;在机架上工作时,电烙铁要挂在人不易碰着的地方,并防止烧坏布线、电源线或其他设备。

② 在带电设备上使用电烙铁时,电烙铁不应接地。

③ 电烙铁上的余锡不得乱甩。

④ 禁止用电烙铁烧烘易燃物品,未冷却的烙铁不可放入工具箱。

(3) 电气焊设备的使用要点。

① 电焊、气焊工作人员,必须经过专业培训和考核。

② 焊接现场必须有防火措施,严禁存放易燃、易爆物品及其他杂物。禁火区内严禁焊接、切割作业,需要焊接、切割时,必须把工件移到指定的安全区内进行。当必须在禁火区内焊接、切割作业时,必须报请有关部门批准,办理许可证,采取可靠的防护措施后,方可作业。

③ 施焊点周围有其他人作业或在露天场所进行焊接或切割作业时,应设置防护挡板。5 级以上大风时,不得露天焊接或切割。

④ 气焊或气割时,操作人员应保证气瓶距火源之间的距离在 10 m 以上。不得使用漏气焊把和胶管。

⑤ 电焊时,应穿电焊服装,戴电焊手套和电焊面罩。清除焊渣时,应戴防护眼镜。

⑥ 焊接带电的设备时,必须先断电。焊接储存过易燃、易爆、有毒物质的容器或管道时,必须先将容器或管道清洗干净,并将所有孔口打开。严禁在带压力的容器或管

道上施焊。

⑦ 使用氧气瓶、乙炔瓶应注意以下问题：

(a) 严禁接触或靠近油脂物和其他易燃品。严禁氧气瓶的瓶阀及其附件黏附油脂。手臂或手套上黏附油污后，严禁操作氧气瓶。

(b) 严禁手掌满握手柄开启氧气瓶瓶阀，开启速度应缓慢。开启瓶阀时，人应站在瓶体一侧且人体和面部应避开出气口及减压气的表盘。

(c) 严禁使用气压表指示不正常的氧气瓶。严禁氧气瓶内气体用尽。

(d) 焊接时，乙炔瓶 5 m 内严禁存放易燃、易爆物质。

(e) 检查氧气瓶、乙炔瓶有无漏气时，应用浓肥皂水，严禁使用明火。冬天如阀门冻结，应用热水适当加热，不可用火烧烘。

(f) 氧气瓶、乙炔瓶必须直立存放和使用。氧气瓶严禁靠近热源或在阳光下长时间曝晒。

2.6.6 动力机械设备

机械施工设备及重要附件，应有定期检查和维护保养制度，以便经常保持机械设备完好状态。严禁非专业操作人员动用各种机械。

(1) 水泵的使用要点。

① 水泵的安装应牢固、平稳，并有防雨、防冻措施。多台水泵并列安装时，间距不得小于 0.8 m，管径较大的进、出水管，必须用支架支撑，转动部分应有防护装置。

② 用水泵排除人孔内积水时，水泵的排气管应放在人孔口的下风方向。

③ 水泵运转时，严禁人体接触机身，也不得在机身上进行跨越。水泵开启后，操作人员不得远离，应监视其运转情况。

(2) 砂轮切割机的使用要点。

① 严禁在机房、室内使用砂轮切割机。使用砂轮切割机时，应放置平稳，不得晃动，金属外壳应接保护地线。电源线应采用耐气温变化的橡胶护套铜芯软电缆。

② 砂轮切割片应固定牢固，并安装防护罩。砂轮切割机前面应设立 1.7 m 高的耐火挡砂板。

③ 砂轮切割机开启后，可将砂轮切割片靠近物件，轻轻按下切割机手柄，使被切割物体受力均匀，不得用力过猛。

④ 严禁在砂轮切割片侧面磨削，严禁用砂轮切割机打磨切口的飞边毛刺。

⑤ 砂轮切割片外径边缘残损或剩余直径小于 250 mm 时应更换。

2.6.7 仪表

仪表的使用要点如下：

(1) 仪表使用前，必须弄清楚需要的工作电源的电压。电源电压必须要符合仪表要求，并应按要求接引电源。

使用直流电源的仪表要特别注意接入电源的"＋""－"极性不得接反。使用交流电源的仪表时，若市电波动较大(波动范围大于等于±10%)，则要经过稳压器后再供给仪表使用。交直流电源两用的仪表，在插入电源塞绳和接引电源时，要严防交直流电源接错，烧坏仪表。

(2) 干电池的仪表使用完毕后，应随时关闭电源。仪表暂时不用时，要把干电池取出单独保存，以防日久电池腐烂，使仪表受损。

(3) 禁止用仪表的低(小)量程去测量高(大)信号值，如测量电平、电压、电流等时。被测量值的大小未知或无法估计时，应先把仪表量程放在最高挡位测量，然后逐步降低量程到仪表得到明显的读数为止。

(4) 不许用振荡器、电平表在有电源或高压的线路上(如带有远供电源的电缆载波线路上)进行测试。做过耐压测试的线必须立即进行放电，在经过放电后，再做其他测试。

(5) 使用耐压测试器时，由于电压较高，操作者应穿胶底鞋或采取其他安全措施(如脚垫绝缘物等)，并且不得碰触经耐压测试而未曾放电的部件或端子。

(6) 使用仪表的现场必须保持清洁干燥，防止日晒雨淋、火烤等，使用中要注意轻拿轻放，防止敲击和碰撞。

(7) 仪表转移或运输时，备件要齐全，包装要牢固，要有三防标志，严禁与工具、铁件混装。

(8) 禁止在有易燃液体或气体的环境下使用光纤熔接机，在这种环境下光纤熔接机的放电会导致极其危险的火灾或爆炸。

(9) 当光纤熔接机工作时，请不要触摸电极，否则电极放电时所产生的高压和高温会造成严重的电击和灼伤。

2.6.8 作业现场安全控制要点

(1) 通信线路高处作业的安全控制要点。

高处作业是指专门或经常在坠落高度基准面 2 m 及以上有可能坠落的高处进行的作业。作业人员必须持特种作业操作资格证书，方可上杆作业。高处作业必须严格按照高处作业操作规程执行，对进行高处作业的人员应进行安全技术教育及交底，并落实防护措施和个人防护用品。

上杆前，首先必须认真检查杆根有无折断或倒杆的危险，如发现有腐烂、不牢固的电杆，在未加固前，不得攀登；其次，上杆前应仔细观察电杆周围的环境，有无电力线及其他障碍物，是否符合规定的安全距离；再次，应认真检查所用的登高工具和防护用品，包括脚扣或竹梯是否牢固，安全带是否完好，手套和绝缘鞋等劳动防护用品是否齐全，并要确认安全帽内的近电预警器是否能正常报警，以及随身携带验电笔是否可靠等。

上杆时或电杆上有人作业时，杆周围必须有人监护(监护人不得靠近杆根)。在交通路口等地段作业时，必须在杆周围设置护栏和安全警示标志。

到达杆上的作业位置后，不论时间长短，都必须系好安全带，扣好安全带保险环后方可作业。安全带应兜挂在距杆梢 50 cm 以下的位置。

升高或降低吊线时，必须使用紧线器，尤其在吊挡、顶挡杆上操作时必须稳妥牢靠，不许肩扛推拉。在杆下用紧线器拉紧吊线的全程中，杆上不准有人，待紧妥后再上杆拧紧夹板、终结作业等。

在吊线上布放光(电)缆作业前，必须先检查吊线强度，确保在作业时吊线不致断裂，电杆不斜、不倒及吊线卡不致松脱。在跨越电力线、铁路、公路挡杆安装光(电)缆挂钩和拆除吊线滑轮时，严禁使用吊板。

在 2.0/7 以下的吊线上作业时严禁使用吊板。严禁两人以上同时在一挡杆内坐吊板工作。在吊线周围 70 cm 以内有电力线(非高压线路)或用户照明线的，严禁使用吊板。坐吊板作业时，地面应有专人进行滑动牵引和控制保护。

在房上或屋顶作业时必须注意安全，行走时应做到"瓦房走尖，平房走边，石棉瓦走钉，玻璃钢瓦走脊，楼顶内走棱"，要防止踩踏房顶而发生坠落事故。

在楼房上装机引线时，如窗外无走廊、晒台，不得蹲立在窗台上工作，确实需要在窗台上工作时，必须扎绑安全带。

安装架空式交接箱时，必须首先检查"H杆"是否牢固，如有损坏应换杆，并且应在施工现场围栏。采用滑轮绳索牵引吊装架空式交接箱时，架空式交接箱应拴牢，严禁直接用人工扛抬举的方式移动架空式交接箱至平台。不得徒手攀登和翻越上、下架空式交接箱。在架空式交接箱站台上工作时，应先检查架空式交接箱站台装设是否牢固，栏杆是否齐全。当站台或平台无围栏或围栏过低时，必须系安全带作业。

(2) 建筑物临边作业的安全控制要点。

在施工现场，若工作面的边沿并无围护设施，使人与物有各种坠落可能的高处作业，属于临边作业。在通信设备安装和通信线路施工中都有可能涉及临边作业。在建筑物临边作业前，必须观察建筑物的牢固程度，若有松动，禁止攀登。在建筑物临边作业时，必须绑扎安全带，安全带必须扣牢。

临边作业的防护主要是设置防护栏杆。栏杆应由上、下两道横杆及栏杆柱构成。横杆离地高度：上杆为 1.0～1.2 m，下杆为 0.5～0.6 m，即位于中间。

防护栏杆的受力性能：应使栏杆上杆能够承受来自任何方向的 1000 N 的外力。

在临边作业处可用密目式安全网全封闭装设安全防护门。

(3) 悬空高处作业的安全控制要点。

在无立足点或无牢固立足点的条件下，进行的高处作业统称为悬空高处作业。例如：在桥梁侧体布放光电缆、在高楼外墙走线架上安装馈线、在高大的机房内安装走线架等。悬空高处作业尚无立足点，必须适当地建立牢靠的立足点，如搭设操作平台、脚手架或吊篮等，方可进行施工。

严禁非作业人员进入桥梁作业区，作业区周围必须设置安全警示标志，并设专人看守。

在桥梁侧体布放光电缆时，必须注意以下安全事项：

• 桥侧作业时，作业人员宜使用吊篮并同时使用安全带，吊篮各部件必须连接牢固。吊篮和安全带必须兜挂于牢靠处，并设有专人监护，吊篮内的作业人员必须系好安全带。

• 工具及材料要装在工具袋内，并用绳索吊上放下，严禁在吊篮内和桥上抛掷工具材料。

• 从桥上给桥侧传递大件材料(钢管)时，要有专人指挥，钢管两端应拴绳缓慢送下，待固定后再撤回绳索。

• 采用机械吊臂敷设线缆时，应先检查吊臂和作业人员使用的安全保护装置(吊挂椅、板，安全绳，安全带等)是否安全。作业人员在吊臂器中应系安全带，并与现场指挥人员采用对讲机保持联系。

• 在桥梁侧体悬空作业时，作业人员应穿救生衣，桥上人员应穿交通警示服。

在对天花板打洞和安装吊挂时，必须注意以下安全事项：

• 应首先进行现场勘察，并向业主或客户询问和了解隔层内管线情况。打孔时，必须避开梁柱钢筋和内部管线。

• 操作者应使用移动式安装平台，确保摆动、立足处有较大尺寸的平面，即任一边不得小于 50 cm，使操作者能够维持正常的姿态站立。操作者必须系好安全带进行操作。

2.6.9 综合布线与室内分布作业安全控制要点

(1) 无线通信室内覆盖工程作业。

施工人员在进入车站、机场、地下商场、地铁、隧道、电梯等特定场所时，应对现场环境和危险、有害因素进行充分辨识，制定防范措施，根据工程特点，做好安全技术交底。

电梯间是信号屏蔽较为严重的场所，在电梯井道内布放馈线和定向天线，属于危险性较大的作业，稍有疏忽，容易发生坠落、挤压、碰撞、触电等事故。

下电梯井道作业时，施工人员必须穿戴好劳动防护用品(工作服，安全帽，绝缘鞋等)，携带上验电笔(使用前应验明验电笔完好)，并在轿厢内和井道入口的明显处，悬挂"正在施工"、"暂时停用"的安全警示标牌。

进入电梯井道，在底坑、轿厢或轿顶操作的作业人员必须听从现场负责人的统一指挥，未经许可，不得随意进出底坑、轿厢或轿顶。

在轿顶作业时，必须按下轿顶检修箱上的急停按钮或扳动安全钳的联动开关，并在操纵箱上或电梯门口悬挂"人在轿顶，禁止触动"的安全警示标牌，再关好层门。不能关闭层门时，要用护栏挡住入口处，以防无关人员进入电梯。

在电梯井道内作业时，必须戴安全帽，防止重物坠落。同时，应尽量避免在井道内上下同时作业。如果同时作业，则必须上下呼应，协调一致，谨慎操作。

在井道内作业时，应从井道最上端的层门登上轿顶。立足之处不得有油污，以防滑倒。严禁一脚踏在轿顶，另一脚踏在井道中的固定点上操作。严禁站在井道外探身到井道内；严禁两只脚分别站在轿厢顶与层门上坎之间，或层门上坎与轿厢踏板之间操作。

人在轿顶上准备开动电梯以观察有关电梯部件的工作情况时，必须牢牢握住轿厢绳头板、轿架上梁或防护栅栏等其他轿顶固定部件，切勿扶握钢丝升绳，并要注意将整个身体置于轿厢外框尺寸之内，防止被其他部件碰伤。

在轿顶和底坑进行作业时，应确定一个安全藏身区。如果需要开动电梯，应与司机应答，并选好站立位置，不准倚靠护栏，身体任何部位不得探出轿厢顶投影之外。

人员需暂时撤离现场时，应关闭所有层门。一时关不上的必须设置遮挡物，并在该层门口悬挂"切勿靠近"、"禁止使用"的警示牌，必要时派专人值守。

在多台电梯共用一个井道的情况下，应加倍小心，除注意本电梯的情况外，还应注意其他电梯的动态，且要随时注意正在作业的井道与邻近井道内对重的位置以及井道防护网的状况，以防碰撞。

在轿顶电源插座上插接照明灯时，应当使用接地的工作灯，工作灯应具有合适的、绝缘性良好的或有接地的网罩和反光罩。切记电源线不得挂在轿厢或对重钢丝绳上。严禁在井道内和轿顶上吸烟和动用明火。

在室内目标覆盖区进行天馈系统布放需登高作业时，必须佩戴安全帽，防止被施工现场上方的钢筋桥架等金属硬物碰伤，还应做好作业区下方设备或人员的防护，操作工具和材料应该妥善放置，以免砸伤作业区下方的人员或设备。

在隧道等特殊场合登高作业时，必须使用移动式作业平台，如果需要搭建脚手架，则脚手架搭建必须保证牢固、可靠，同时每个作业平台应有防护栏杆。作业人员必须按规定佩戴安全帽及安全带。在已通车的隧道中作业时，现场应设置安全警示标志、锥形筒，作业人员必须身穿反光背心。在隧道内或空间狭窄的井道内作业或行走时，需要防止线缆桥架的钢结构的锐边对人体的割伤、划伤。

(2) 综合布线系统工程作业。

施工人员进入建筑工地，配合建筑单位预埋穿线管(槽)和预留孔洞时，必须穿戴工作服、安全帽、绝缘鞋等防护用品，还应佩带施工证件，且要在建筑工地管理人员的带领下进入。

综合布线工程开工前，施工人员应熟悉设计图纸，了解施工要求，明确与土建工程交叉作业和配合情况，特别是要确认设备间、交接间、配线间及各种地槽、暗管、孔洞等工作区(点)和施工条件。

施工现场应设置醒目的安全警示标志。行走或作业时，应注意建筑工地的施工机械、障碍物及各种预留洞口，防止发生机械伤害、物体打击、高处坠落事故。夜晚或光照亮度不足时，不得进入工地。暂停施工时，应做好现场防护。

如果乘坐建筑工地的外用电梯(附壁式升降机)进出楼宇，应得到有关建筑方的同意，并遵守外用电梯的安全使用规定，不得超载。

建筑物或构筑物在施工过程中，常会出现无栏杆的楼梯口，无挡板的电梯井口、孔洞口、预留洞口，在其附近施工，称为"洞口作业"。洞口作业时，必须采取临时封堵、围栏、栏杆等防护措施，并张贴或悬挂醒目的安全警示标志及警示说明，防止发生人员坠落事故。

预埋穿线管、线槽或在现场临时开槽，如需使用切割机、冲击电钻等电动工具，则应首先认真检查切割机、冲击电钻是否漏电，一定要保证其完好。在墙壁上切割、钻孔时，必须避开建筑物承重的主钢筋和内部管线，还要佩戴质量可靠的护目镜，防止作业时的碎屑飞溅物伤害到作业人员的眼睛。

缆线应布放在弱电电缆竖井中，不得布放在电梯或供水、供气、供暖管道的竖井中，也不得布放在强电电缆的竖井中。如果条件限制，主干缆线需明敷，则布线处距地面高度不得低于 2.5 m。

综合布线工程的施工用电应在施工现场设置和配备配电箱、开关箱，应有专业电工或持电工证的作业人员操作。在无灯光照明且密闭的通道或工作间作业时，为保证作业安全，应配备工作手灯(行灯)或应急灯具照明。

在室内天花板上作业，应使用行灯照明，并注意天花板是否牢固可靠，不可随意在上踩踏，防止踩空或坍塌。作业人员必须穿绝缘鞋，使用绝缘安全工具。如发现一些不明用途的线缆及裸露线头，一律按电力线妥善处置。要防止线缆绝缘老化、损坏而发生触电事故。

综合布线施工现场要落实防火措施，配备必要的消防器材。槽道或走线桥架穿越楼层或墙体后，必须及时用阻燃材料堵塞孔洞，严禁楼层之间、房间之间相通。

陕西电信

智慧家庭工程师培训认证教材

第3章 装维实操篇

随着电信业的飞速发展，宽带驻地网业务成为信息基础设施的发展重点和关键所在。本章从对 FTTx 各类应用场景及建设模式的介绍开始，再对 FTTH 和 IPTV 业务装维进行说明，同时对装维过程中常见故障及案例进行展示，并对上门服务标准与销售技能等几方面给出了相应的规范和建议。

3.1 FTTx 各类应用场景及建设模式

在实现宽带接入的各种手段里面，光纤接入(FTTx)技术是最能适应未来发展的方案。本节重点介绍了 FTTx 技术的应用场景和建设模式等方面。

3.1.1 FTTx 应用模式

根据业务需求、成本和客户分布情况的不同，FTTx 的客户主要有商务楼、住宅、学校、企业、市场和宾馆等，如图 3-1 所示。

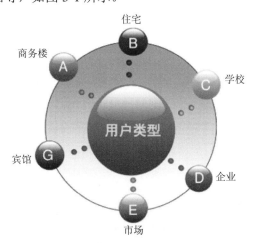

图 3-1　FTTx 主要用户类型

按照需求特点不同，FTTx 用户可以分为以下两大类：

(1) 公众客户：包括高端家庭客户(别墅、高档公寓)和普通家庭客户等。

(2) 企业客户：包括大(重要)客户、商业客户等。

另外，FTTx 还在视频监控接入、农村信息化服务等公益性服务场景中使用。

3.1.2 FTTx 各类接入方式的主要应用场景

FTTx 主要包括 FTTB/Cab、FTTH、FTTO 等几种方式，其各自的应用场景如下：

(1) FTTB/Cab 的应用场景：主要是针对城区改造和光纤到路边交接箱的场景。在老城区改造项目中，利用 MDU 设备提供 ADSL2+或者 VDSL2 接入用户，给用户提供 2～20M 的带宽。此场景要求光纤到大楼或者路边的交接箱即可，在用户接入侧可以重用之前的铜缆资源。

(2) FTTH 的应用场景：主要是针对新建的楼宇或者高档住宅，提供光纤到家的宽带接入，还可提供视频、语音和数据业务。

(3) FTTO 的应用场景：主要针对商用用户或者政府、银行和医院等政府办公场所，采用 SBU 设备提供 E1/GE/FE/POTS 等接口，满足办公需要。

3.1.3 FTTx 业务应用模式

FTTx 业务应用模式主要包含以下几种：

(1) 高速上网：Web 上网浏览，FTP，在线游戏。

(2) 语音：VoIP。

(3) 数据专线。

(4) 视频：CATV，VoD，IPTV，视频电话，视频会议，在线视频。

FTTx 的几种典型应用，如图 3-2 所示。

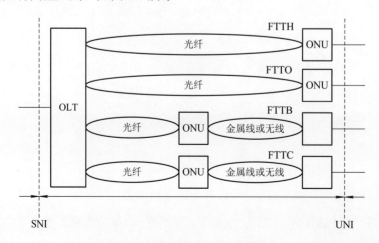

图 3-2　FTTx 几种典型应用

3.1.4 常见应用场景的建设模式

1) 住宅楼

住宅楼具有用户量多，业务推广大，初期入住率小的特点。

(1) 住宅高层。住宅高层的特点如下：

- 用户密集度高；

- 有弱电井道；

- 单一楼道；

- 用户密集度高，一般在 20 户以上；

- 电梯取电，安全性高。

建设方式：根据实际情况采用 FTTH 或 FTTB 方式接入，如图 3-3 和图 3-4 所示。

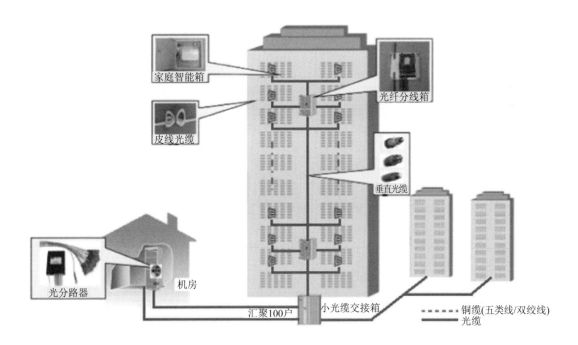

图 3-3　住宅高层采用 FTTH 接入方式建设

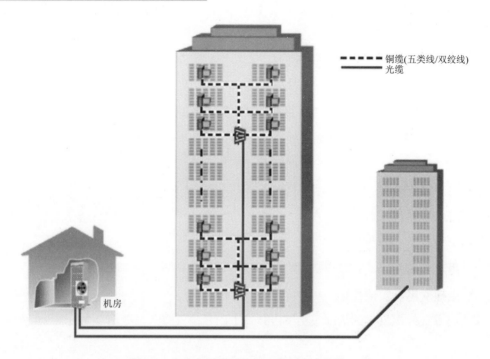

图 3-4 住宅高层采用 FTTB 接入方式建设

(2) 住宅多层、小高层。住宅多层、小高层的特点如下：

• 无弱电井道，线走在楼道公共部分；

• 多单元；

• 单元用户在 14 户以下；

• 需预埋楼道多媒体分线箱。

建设方式：根据实际情况采用 FTTH 或 FTTB 方式接入，如图 3-5 和图 3-6 所示。

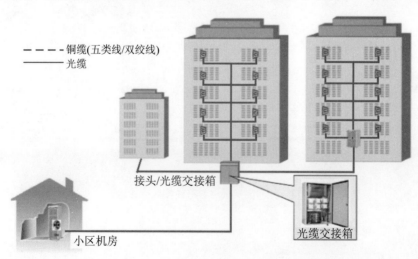

图 3-5 多层、小高层采用 FTTH 接入方式建设

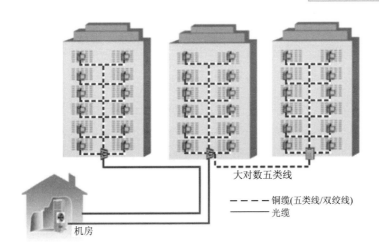

图 3-6 多层、小高层采用 FTTB 接入方式建设

(3) 别墅、排屋。别墅、排屋的特点如下:

- 高端用户,对价格不敏感;

- 小区用户分散;

- 无室内公共部分;

- 对宽带需求高;

- 入住率低。

建设方式:根据实际情况采用 FTTH 方式接入,如图 3-7 所示。

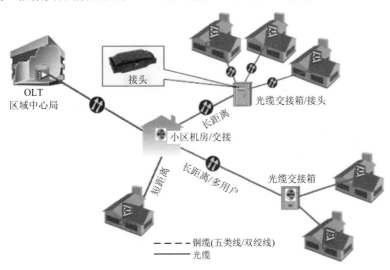

图 3-7 别墅、排屋采用 FTTH 接入方式建设

(4) 农居点、回迁房。

① 农居点、回迁房的特点。

- 一类以多层为主，对语言要求高，宽带实装率低；

- 另一类类似别墅，但出租房多，需求混杂，无室内公共部分；

- 入住率高。

② 农居点回迁房的建设方式。根据实际情况可分如下两种情况：

- 城区农居点，出租率高，不确定性因素多，语音数据需求相对比较旺盛，为提高 ARPU 值和有效控制非法用户，建议采用 FTTH 方式解决。用户数较少时可考虑在机房中集中光分，较多时可以考虑光分下移，如图 3-8 所示。

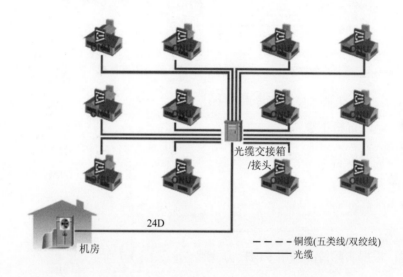

图 3-8　城区农居点采用 FTTH 接入方式建设

- 农村农居点，该类农居点用户密度不高，业务主要以语音为主，建议采用 FTTZ 方式，语音以传统模式或 PON+AG 解决，宽带以 PON+DSLAM 解决，如图 3-9 所示。

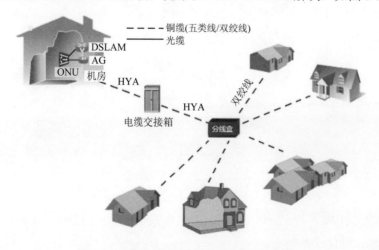

图 3-9　农村农居点采用 FTTZ 接入方式建设

2) 商务楼

商务楼的通信需求相对比较高，对网络带宽及话音质量要求比较高，通常采用FTTB/FTTO 等方式接入，如图 3-10 和图 3-11 所示。

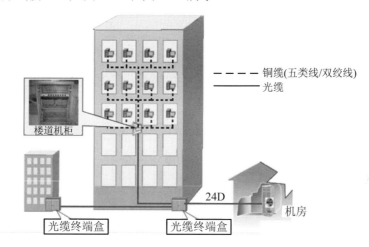

图 3-10　商务楼采用 FTTB 接入方式建设

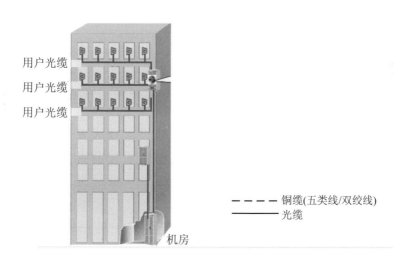

图 3-11　商务楼采用 FTTO 接入方式建设

3.2　FTTH 业务装维

对于 FTTH 来说，终端装维所承担的工作界面是从分光器跳纤开始，直到用户桌面的物理连接及应用安装为止。

3.2.1 FTTH 装机所需工具

FTTH 装机所需工具如下：

(1) 设备类：FTTH 光缆热熔机、PDA、光源光功率计、红光笔、手电筒，以及按实际情况配备的电钻等。

(2) 线路类：皮线光缆(根据装机环境不同所选择的室内或室外皮线光缆)、尾纤(FC-FC\FC-SC)、法兰(适配器)。

(3) 工具类：光缆切割刀、螺丝刀(一字/十字)、斜口钳、尖嘴钳、网线钳、米勒钳、皮线光缆开拨器、剪刀、酒精、脱脂棉、热缩管、扎带，按实际情况配备的梯子、开孔器、榔头、穿管器等。

(4) 标记类：圆珠笔(非水性/油性笔)、条形码标签。

3.2.2 FTTH 一级和二级分光组网

1. FTTH 一级分光组网

用户与汇聚设备 OLT 之间只有一个分光器的组网方式被称为一级分光。一般将大分光比分光器(1∶8)安装于 FTTH 覆盖区域光缆交接箱中，通过束状尾纤(光缆)延伸至用户楼宇安装的光纤分线箱中。用户家中的皮线光缆通过与束状尾纤连接，再通过安装于光缆交接箱中的分光器汇聚后上连至机房 OLT 设备。

FTTH 一级分光组网方式的光衰耗相对较小，一般适用于密集覆盖区域。该分光方式的网络结点较少，易于维护，用户端口受限于光缆交接箱至楼宇光缆数量。

组网路径：机房——光缆交接箱(分光器)——楼宇分线箱——用户。

2. FTTH 二级分光组网

用户与汇聚设备 OLT 之间存在两个及以上(非特殊情况下不建议存在两个以上分光器)分光器的组网方式被称为二级分光。一般将小分光比分光器(1∶2/1∶4/1∶8)安装于 FTTH 覆盖区域内的光缆交接箱中，通过光缆延伸至用户楼宇安装的光纤分线箱中，于光纤分线箱中安装级联分光器(1∶8)。用户家中的皮线光缆通过与二级分光器相连，再通过安装于光缆交接箱中的一级分光器汇聚后上连至机房 OLT 设备。

FTTH 二级分光组网方式的光衰耗相对较大，一般用于全光覆盖小区。该分光方式的光缆敷设少，易于扩容，用户端口受限于楼宇内分光器的分光比。

组网路径：机房——光缆交接箱(分光器)——楼宇分线箱(分光器)——用户。

3.2.3　FTTH 业务放装

FTTH 可以提供语音、宽带上网和 IPTV 等业务。FTTH 业务放装的主要步骤如下：

(1) 研读工单。研读时，主要掌握四个方面的信息：

① 终端型号：确定所用终端的厂家和型号。

② 设备 LOID 号：一般需要现场录入的设备信息。

③ 光路信息：主要有光缆交接箱的名称、分光器的编码和端口等信息，并确定是一级分光还是二级分光。

④ 用户信息：包括联系电话、地址和产品信息。

(2) 施工准备。施工准备具体如下：

① 与用户确认上门时间。在领取工单后的两小时内，登录掌上装维系统预约时间，避免客户因盲目等待而催单。预约时，了解客户自备 PON 终端的型号，家庭取电、布线、装修等的大致情况，告知客户可能的施工内容和时间，并要携带好相应的全覆盖或薄覆盖装维工具。

② 领取终端。按工单信息领取终端。

③ 领取材料。材料包括热缩管、尾纤、外护套、皮线光缆、水晶头、网线等。

④ 准备标签。标签信息应包括上联端口信息和下联用户信息等。

⑤ 准备施工工具。安装人员需要全面准备包括 FTTH 线缆放装和业务开通的一整套必备工具。

(3) 光路开通。

① 进行上联端口和下联用户端口测试，采用光功率仪表 1490 nm 波长测试，上联端口收光功率应大于−22 dBm 且小于−3 dBm，下联端口收光功率应不低于−24 dBm。

② 按需制作成端，将用户的引入光缆同上联端口进行连接。

③ 对最末端分光器下联口的光路粘贴标签，楼道内的分光器至用户光缆的跳纤两端也都需要粘贴，粘贴处在尾纤根部 5 cm 处。

(4) 室内布线。

① 查勘现场：确定室内布线方案。

② 制作插头：根据规范制作成端。

③ 光路测试：用光功率仪表 1490 nm 波长进行测试，收光功率应不低于−24 dBm。

④ 布放网线或蝶形引入光缆(根据实际情况而定)。具体操作步骤详见"3.2.4 皮线光

缆布放"章节。

(5) 终端调试。

① E8-C 终端硬件连接：用电源适配器连接电源接口到交流电源接口；光纤接口连接到网络 G 接口；用 RJ-45 网线连接网口 LAN1 到个人计算机，IPTV 接口连接 IPTV 机顶盒；用 RJ-11 电话线连接语音接口到电话机。

② E8-C 终端注册：Web 界面输入"http://192.168.1.1"地址进入首页；在首页点击"设备注册"，输入 LOID 信息和 password 信息。LOID 即外线工单中的用户 SN 号。将输入的 LOID 信息提交之后，终端先向 OLT 发起注册，注册成功后提示"线路连接状态 ONLINE"。此时，业务 TRO69 通道已开通，然后向 ITMS 注册并触发业务下发，下发过程会提示"正在下发业务"，当提示"注册成功，下发业务成功"的时候，表示整个注册过程完成。

③ 机顶盒调试：机顶盒启动，按遥控器"设置"键进入设置页面，输入密码 10000 或 6321 进入机顶盒设置页面。选择"有线连接"，完成后选择"下一步"，再选择"PPPoE"，选择"下一步"，输入拨号用户名和密码，点击确定。选择 IPTV 设置或应用设置，输入认证用户名和密码。选择"确认"，网络设置完成，保存退出或提示输入密码，密码也是 10000。

(6) 开通演示。

① 物理连接：正确连接用户电话、宽带、电视。

② 电话调试：进行拨打测试。

③ 宽带调试：演示及介绍，并通过中国电信官方测速网站进行测速，向客户确认相关速率。

④ IPTV 调试：演示、点播或直播 5 分钟以上。

(7) 工单管控。

① 用户确认：请用户签字或使用其他方式确认。

② 工单回单：填写工单回单并录入装机材料。

③ 告知用户使用注意事项，具体如下：

(a) 光缆不能弯曲或拉扯；

(b) ONU 必须通电才能保证业务正常使用；

(c) IPTV 必须插在 ONU 设备的 IPTV 口上；

(d) 必须注意设备的散热；

(e) 要注意防止雷电损害，在雷电天气下应将设备断电。

3.2.4 皮线光缆布放

1) 用户光缆敷设方式

根据布线的环境，我们可以将布线类型分为室外布线和室内布线。而根据不同的建筑布局和结构，我们又有以下这些光缆的敷设方式，具体包括架空敷设、墙面钉固、波纹管敷设、开孔入户、暗管方式等，如图 3-12 所示。

布线类型			光缆敷设方式
室外布线			架空敷设方式
			墙面钉固方式
			波纹管敷设方式
			开孔入户
室内布线	有暗管		暗管方式
	无暗管	用户宅外	波纹管敷设方式
			室内线槽方式
			墙面钉固方式
			开孔入户
		用户宅内	室内线槽方式
			墙面钉固方式

图 3-12　布线类型及光缆敷设方式

下面对各种敷设方式一一进行介绍：

(1) 架空敷设。架空敷设时，主要以装置牢固、间隔均匀、有利于维修等原则来确定所要使用的支撑件及其具体的安装位置，同一支撑件上自承式蝶形引入光缆布放条数不得超过 4 条。

在入箱端，无论是杆壁还是墙面，自承式蝶形引入光缆穿入理线钢圈或 C 字圈后，沿杆壁或墙面至光分纤或分路箱下方，形成直径大于 15 cm 的弧后再引入光分纤或分路箱内。自承式蝶形引入光缆在光分纤或分路箱内预留 1 m，并盘绕成圈，且采用热熔接续方式热熔成端。

自承式蝶形引入光缆与其他线缆交叉处应使用缠绕管进行包扎保护，与电力线交越时，交越距离应保持在 1 m 以上。

在整个布线过程中，应严禁踩踏或卡住光缆，如发现自承式蝶形引入光缆有损伤，则需考虑重新敷设。

所有架空布线的施工行为，都应遵守《中国电信本地网电缆线路维护规程》中的关于登高的安全要求。

(2) 墙面钉固。在室内钉固蝶形引入光缆应采用卡钉扣，如图 3-13 所示，具体钉固方式如下：在确定了光缆的路由走向后，沿光缆路由，在墙面上安装卡钉扣。卡钉扣间距 50 cm，待卡钉扣全部安装完成，将蝶形引入光缆逐个扣入卡钉扣内，切不可先将蝶形光缆扣入卡钉扣，然后再安装、敲击卡钉扣。

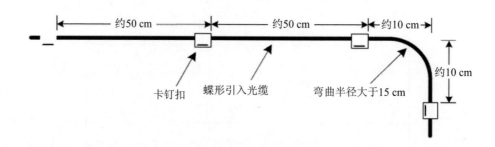

图 3-13　光缆墙面钉固方式

在室外钉固自承式蝶形引入光缆应采用螺钉扣，钉固方式如下：在确定了光缆的路由走向后，沿光缆路由，在墙面上安装螺钉扣。螺钉扣用 $\phi6\,\mathrm{mm}$ 膨胀管及螺丝钉固定。两个螺钉扣之间的间距为 50 cm。自承式蝶形引入光缆在墙面拐弯处，弯曲半径不应小于 15 cm。

光缆的钉固路由，一般选择在较为隐蔽且人手较难触及的墙面上。

在墙角的弯角处，光缆需留有一定的弧度，从而保证光缆的弯曲半径，并在两个墙面上各用一个钉固件进行固定。严禁将光缆贴住墙面沿直角弯转弯或单钉过弯。

入户光缆从墙孔或门窗框孔洞进入户内，入户处需使用过墙套管保护。

采用墙面钉固方式布放光缆时需特别注意光缆的弯曲、绞结、扭曲、损伤等现象。布放完毕后，还需要全程目视检查光缆，确保光缆上没有受到不当的外力。

(3) 波纹管敷设。波纹管敷设的路由应尽量选择在人手无法触及的地方，同时应避免设置在影响美观的位置。敷设时，一般宜采用外径不小于 20 mm 的波纹管。

光缆波纹管管卡的安装(见图 3-14)：波纹管采用塑料管卡或使用 $\phi6\,\mathrm{mm}$ 的膨胀管及螺丝钉固定在墙面上。两个管卡之间的间距约为 50 cm，在转弯、墙面拐角和建筑物凹凸处，需要在弯角两边起始处各安装一个管卡，并使波纹管在卡入管卡后能够保持大于 20 cm 的弯曲半径。若波纹管敷设路径上需要跨越其他管线，则需要在跨越点向外约 10 cm 处加装管卡。

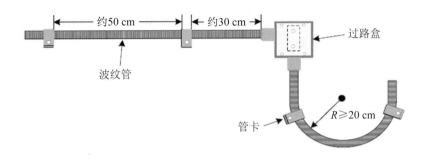

图 3-14 光缆波纹管管卡的安装

在住宅单元的入户口处以及水平、垂直管的交叉处都需要设置过路盒，当水平波纹管直线段长度超过 30 cm 或段长超过 15 cm 并且有两个以上的 90° 弯角时，应设置过路盒。过路盒安装时，应使用 $\phi 6$ mm 膨胀管及螺丝钉固定。波纹管与过路盒的连接处均需采用对应的双通组件固定。

水平波纹管全部敷设完成后，才能穿放蝶形引入光缆，不允许边敷设波纹管，边穿放光缆。若穿放时需要连续通过两个或以上过路盒，则应在每个过路盒处逐个进行穿放，不允许在最后一个过路盒处直接进行长距离抽拉。在距离较长的波纹管内穿放光缆时，可使用穿管器。过路盒内的蝶形引入光缆不需要留有余长，只要满足光缆弯曲半径即可。

(4) 开孔入户。开孔入户的位置需要根据入户光缆的敷设路由来决定。一般宜选用已有的弱电墙孔穿放光缆，对于没有现成墙孔的建筑物应尽量选择在隐蔽且无障碍物的位置开启过墙孔。打洞前，必须摸清墙内及墙后对应位置的大致情况，避免损坏墙内管线或墙后的用户私物。

开孔前，需根据住户数判断需穿放蝶形引入光缆的数量，选择墙体开孔的尺寸，一般直径为 10 mm 的孔可穿放两条蝶形引入光缆。再根据墙体开孔处的材质与开孔尺寸选取开孔工具(电钻或冲击电钻)，以及钻头的规格。

为了防止雨水的灌入以及尽量减少用户室内墙面的损伤，应从内墙面向外墙面倾斜 10° 进行钻孔，如图 3-15 所示。

墙体开孔后，如所开墙孔比预计的要大，则可用水泥进行修复，应尽量做到洞口处的美观。内墙面应在墙孔内套入过墙套管或在墙孔口处安装墙面装饰盖板。

将蝶形引入光缆穿放过孔时，应用缠绕管包扎穿越墙孔处的光缆，以防止光缆裂化。蝶形引入光缆穿越墙体的两端应留有一定的弧度，以保证光缆的弯曲半径。

光缆穿越墙孔后，应采用封堵泥、硅胶等填充物封堵外墙面，以防雨水渗入或虫类爬入。

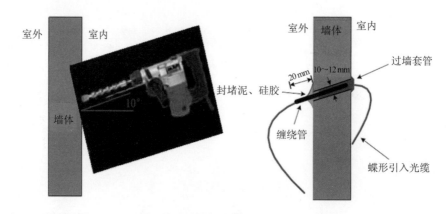

图 3-15　防止雨水灌入的钻孔方法

2) 光分纤或分路箱的盘缆方法

　　楼道内光分纤或分路箱处的蝶形引入光缆一律从箱子左侧的进线孔进箱，入箱时需要在进线孔的橡胶封堵处开洞，切勿将封堵扔掉。具体盘缆方法如下：左上孔进线入箱后穿入箱子左侧的走线环中，至底部后向右进入中间的盘线位置，而后从下侧魔术带处开始逆时针盘线，盘至少 1 圈后再从右侧魔术带处绕出，顺势进入分光器，再从左下侧入箱后直接进入左下侧底部的走线环，然后在进入底部上侧的魔术带处开始顺时针盘圈，盘至少 1 圈后再从左侧魔术带处绕出，沿着光分框左侧到顶部后向右侧进分光器，如图 3-16 所示。

图 3-16　光分纤或分路箱的盘缆方法

　　室外光分纤或分路箱的进线位置在该光分纤或分路箱的左下方，右下方的两个为上联光缆进线孔。自承式蝶形引入光缆入箱后，必须剪断增强构件，余留长度应与紧固件齐平，并固定在紧固件内。

3) 隐形光缆的布放

　　顾名思义，隐形光缆就是布放隐蔽美观，不容易被发现；线径细，可利用缝隙小孔入户；耐弯曲，有一定机械强度，兼容现有光网入户线缆；能够采用非钉布放方式，同时能采用热熔冷接成端的光缆。目前，市场上可以购买到的隐形光缆，按照光缆结构可以分为 3 类，隐形微缆、隐形蝶缆、自承式隐形蝶缆；按使用光纤标准也可以分为 3 类，它们根据宏弯损耗特性抗弯能力强弱排列为 G.652D＜G.657A2＜G.657B3；按固定方式可以分为自带胶、外敷胶、开放式微型线槽 3 类。出厂盘长一般为 100、500、1000、2000 米，可根据需求选择。

(1) 隐形光缆的布缆工具。隐形光缆的布缆工具主要有：隐形微缆、高性能黏合胶棒、专用敷设器、米勒钳、蝶形空管、热缩管(适用热熔)、光纤熔接机(适用热熔)等，如图 3-17 所示。

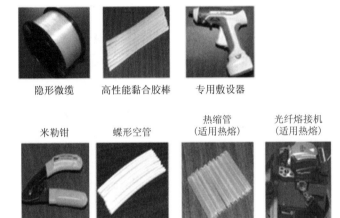

图 3-17 隐形光缆的布缆工具

(2) 隐形光缆的特征。从性能、施工人员和用户感知角度出发，隐形光缆具备以下特征：

① 线径细小可穿过细小缝隙、孔洞；

② 透明紧套，不容易被发现，可隐蔽、美观布线；

③ 采用弯曲不敏感型光缆，具有一定的抗压和抗拉伸能力；

④ 能被包裹在其他形式的光缆内，组成其他形式的入户光缆；

⑤ 能采用热胶、冷胶、开放线槽等固定方式；

⑥ 现有的普通热熔和冷接成端需要在隐形微缆外加套管增厚。

(3) 隐形光缆的布缆要求。

① 根据场景确定布线路径，并与用户确认；

② 确保光缆的安全弯曲半径大于 5 mm；

③ 确保在路径中不受夹受压，安装中无刚性接触；

④ 敷设中，避免光缆受损伤，动作要轻柔；

⑤ 布放应顺直，出胶应均匀美观；

⑥ 支撑固定件(如果需要的话)应安装牢靠，如图 3-18 所示。

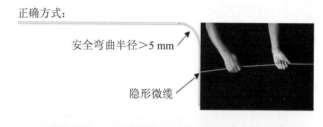

正确方式：

安全弯曲半径＞5 mm

隐形微缆

不正确方式：

图 3-18　支撑固定件安装正误方式示范

(4) 室内敷设隐形微缆。敷设前，先将敷设器预热两到三分钟，待胶变得软而透明可开始敷设。

① 过门处理(大门、房门)。过门处理(见图 3-19)是敷设隐形微缆的难点，主要有三点注意事项：

(a) 不要敷设在门开合一侧；

(b) 敷设前，应取一段隐形微缆，在门闭合状态下模拟敷设路径，隐形微缆应不受夹、不受压，移动顺畅，才可开始敷设；

(c) 若门的密封性很好，则应考虑其他路径或经用户同意以钻小孔等方式处理。

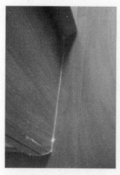

过门处理(门外)　　　　　　过门处理(门内)

图 3-19　过门处理隐形微缆示例

② 隐形微缆室内敷设，是使用光缆涂覆器将光缆黏合胶均匀覆盖在隐形微缆上，沿门框、墙角、踢脚线敷设的。若敷设时遇到多个弯角，则需要特别注意，最小弯曲半径应大于 5 mm，弯角处不得有悬空，并且敷设力度应适中，不得生拉硬拽，如图 3-20 所示。

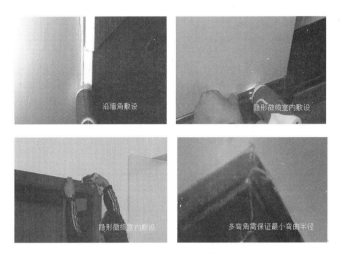

图 3-20　隐形微缆室内敷设示例

(5) 端头处理。端头处理是敷设隐形微缆的最后步骤，也是极为重要的一步，主要有三点注意事项：

① 使用隐形蝶缆(或隐形微缆加空管)与尾纤进行热熔或冷接时，应注意多余的隐形微缆与空管要一起进行盘绕(若使用隐形微缆加空管方式，则空管长度应大于 0.5 m)。

② 热熔后，热缩管外建议使用保护盒，如图 3-21 中所示的白色方盒。

图 3-21　热熔后，热缩管外使用的保护盒

③ 与客户沟通后，可选择铆钉等方式加固。

3.3　IPTV 业务装维

3.3.1　IPTV 开通前准备

1) 安装所需的工具

安装所需的工具有：E8-C/2 终端(含尾纤)一台、电子工单、网线、笔记本(带无线网卡)、机顶盒、电视机。

2) 安装前的各项检查

(1) 业务及账号检查。业务及账号检查的具体内容如下:

① 需要在 CRM(综调系统)和 BSS 系统查看服开流程是否正常。

② 宽带及 IPTV 账号状态是否正常,若 IPTV 转待装,装机前需要在综调系统(或 CRM)中做待装激活操作。

③ 确定用户申请开通的 IPTV 业务类型。

(2) 设备及端口检查。设备及端口检查的具体内容如下:

① 检查用户的 Modem 是否支持 IPTV。

② 检查局端设备(特别是 DSLAM)是否支持 IPTV。

③ 检查用户的机顶盒的软件版本是否已更新到最新系统版本。

(3) 线路质量检查。安装前,检查线路质量,看带宽能否达到要求。

3.3.2 IPTV 机顶盒配置

1) 掌上装维系统IPTV机顶盒MAC绑定的操作步骤

掌上装维系统 IPTV 机顶盒 MAC 绑定的操作步骤如下:

(1) 登录掌上装维客户端,在菜单页找到开通待办,如图 3-22 所示。

图 3-22　开通待办

(2) 在工单详情的产品页能看到从"前台－服开－服保"的 MAC 地址(如为空，说明前台没输入 MAC)，如图 3-23 所示。

(3) 点击右上角菜单栏目，找到"mac 绑定"进行 MAC 的绑定，如图 3-24 所示。

图 3-23　工单详情　　　　　　　　　　　图 3-24　MAC 绑定

(4) 进入绑定界面，手工输入 MAC 或者通过扫描得到 MAC(MAC 格式有限制：只能是数字和大/小写字母的组合，如不符合规则会有提示)，如图 3-25 所示。

图 3-25　输入 MAC

(5) 点击确定，绑定后会显示绑定结果"操作成功"。若 ITV(陕西的 ITV 即为 IPTV)账号没开户或者网元销户，也会有明显提示，如图 3-26 所示。

图 3-26　绑定成功

(6) 绑定后，可以在工单详情的"产品"信息页查看绑定后的结果，如图 3-27 所示。

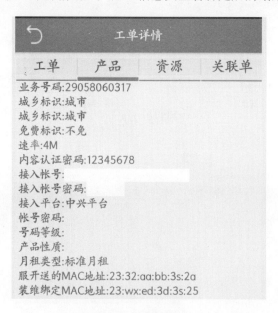

图 3-27　绑定结果

2）IPTV机顶盒零配置步骤

IPTV 机顶盒零配置步骤如下：

（1）从 CRM 受理界面可录入机顶盒 MAC 地址，如图 3-28 所示。

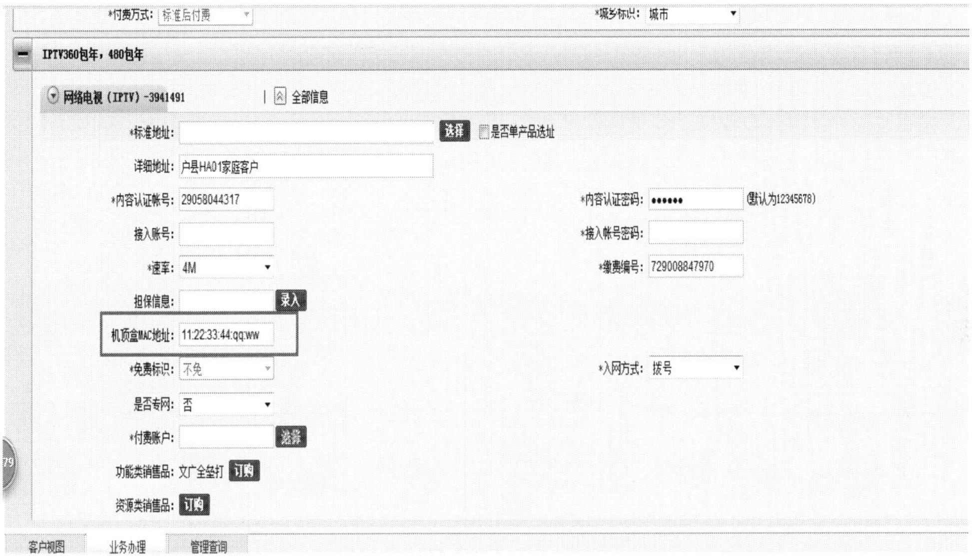

图 3-28　CRM 系统录入机顶盒 MAC 地址

（2）服开主产品属性可展示 MAC 地址，如图 3-29 所示。

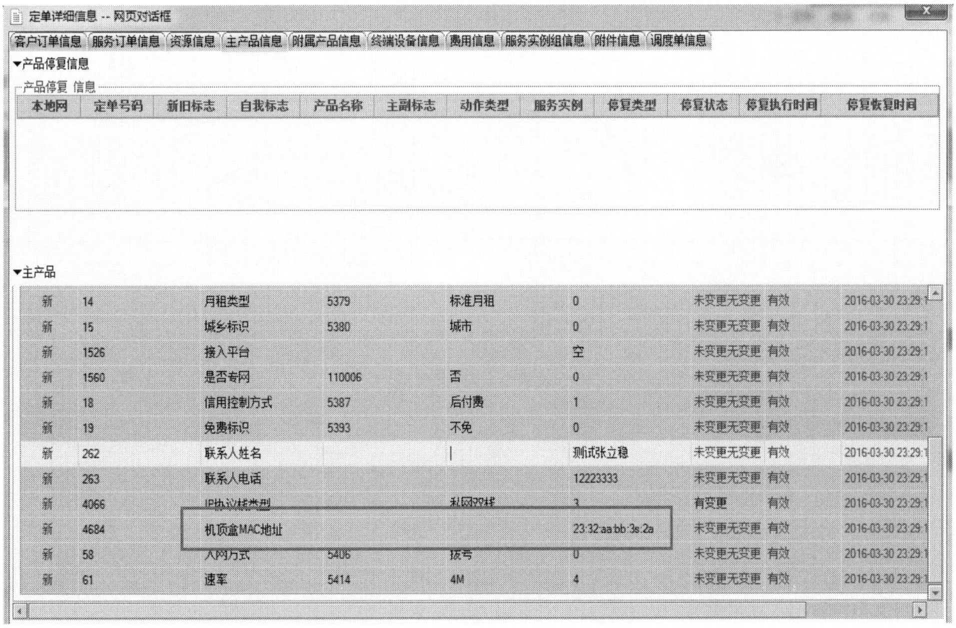

图 3-29　服开主产品属性展示机顶盒 MAC 地址

(3) 激活指令新增项：接入账号、接入账号密码、MAC 地址，如图 3-30 所示。

图 3-30　激活指令新增项

(4) 掌上进行 MAC 地址的绑定(MAC 地址可以手工输入，也可以进行条码扫描)，如图 3-31 所示。

图 3-31　掌上进行 MAC 地址的绑定

(5) MAC 地址绑定成功后，会有明显的提示，并且在产品信息页可以查询到前台送下来的 MAC 地址以及最新绑定的 MAC 地址，如图 3-32 所示。

图 3-32　绑定成功显示图

(6) 更新完 MAC 后，在服保的操作记录中可以查看到所有更新的历史记录，如图 3-33 所示。

序号	反馈组织	反馈人	执行时间	操作类型	描述	备注	生成
1	自动派单	自动派单	2016-03-30 19:59:51	规则派单	工单派发给装维人员:冯轩		自动
2	高新营维5-1区	冯轩	2016-03-30 20:02:25	接单	接单	【接单子单号：325803348QGDD1】	自动
3	高新营维5-1区	冯轩	2016-03-30 20:03:08	MAC绑定	11:22:33:44:55:66MAC地址请求中兴绑定操作.返回success		自动
4	高新营维5-1区	冯轩	2016-03-30 20:04:41	MAC绑定	11:22:33:44:55:66MAC地址请求中兴绑定操作.返回success		自动
5	高新营维5-1区	冯轩	2016-03-30 20:09:18	MAC绑定	22:33:44:55:66:77MAC地址请求中兴绑定操作.返回success		自动
6	高新营维5-1区	冯轩	2016-03-30 20:15:01	MAC绑定	11:11:22:22:22:22MAC地址请求中兴绑定操作.返回success		自动
7	高新营维5-1区	冯轩	2016-03-30 20:21:36	MAC绑定	11:22:22:33:33:22MAC地址请求中兴绑定操作.返回success		自动
8	高新营维5-1区	冯轩	2016-03-30 22:48:20	MAC绑定	23:wx:ed:3d:3s:25MAC地址请求中兴绑定操作.返回success		自动
9	高新营维5-1区	冯轩	2016-03-30 23:01:45	MAC绑定	55:52:31:66:74:69MAC地址请求中兴绑定操作.返回success		自动
10	高新营维5-1区	冯轩	2016-03-30 23:11:06	MAC绑定	23:wx:ed:3d:3s:22MAC地址请求中兴绑定操作.返回success		自动

图 3-33　更新的历史记录

(7) 更新 MAC 工单竣工后，会将最终的 MAC 地址送 CRM，CRM 进行数据的更新并保留后端更新的 MAC 地址，如图 3-34 所示。

图 3-34　保留更新的 MAC 地址

3) IPTV 机顶盒手动配置步骤

手动配置包含网络账号配置与业务账号配置两部分。

(1) 网络账号配置。配置步骤为：设置键→密码是 10000→设置页面→网络设置→有线网络→PPPoE→输入用户名和密码→连接。具体步骤与图片说明如下：

(a) 按设置键进入设置首页，密码为 10000，如图 3-35 所示。

图 3-35　网络设置首页

(b) 选择网络设置，选择有线网络，如图 3-36 所示。

图 3-36　选择网络

(c) 选择 PPPoE，如图 3-37 所示。

图 3-37　选择 PPPoE

(d) 设置用户名和密码，如图 3-38 所示。

图 3-38　设置用户名和密码

(e) 输入完毕后，点击确定，重启机顶盒即可。

(2) 业务账号配置。配置步骤为：设置键→密码是 10000→设置页面→更多→IPTV 设置→业务认证→输入业务账号和业务密码→确定。具体步骤与图片说明如下：

(a) 按设置键进入设置首页，密码为 10000，如图 3-39 所示。

图 3-39　设置首页

(b) 选择更多后，往下选择其他，再选择 IPTV 设置，如图 3-40 所示。

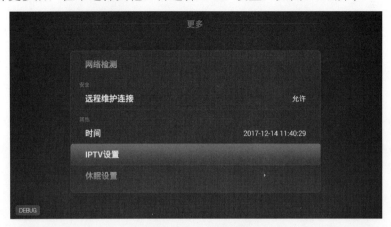

图 3-40　IPTV 设置

(c) 选择业务认证，如图 3-41 所示。

图 3-41　业务认证

(d) 在业务认证中，输入业务账号和业务密码，如图 3-42 所示。

图 3-42　输入业务账号和业务密码

输入完毕后，点击确定，重启机顶盒即可。

3.4　装维常见故障及案例

3.4.1　FTTH 的常见故障

本小节以问答的方式讲解 FTTH 的常见故障，具体如下：

Q1：按下电源开关后，前面板上电源指示灯不亮。

A：指示灯指示设备为正常上电。若指示灯不亮，请检查电源适配器连接是否正常，注意务必使用设备附带的电源适配器。

Q2：设备正常上电后，光信号指示灯闪烁。

A：指示灯闪烁时，表明 ONU 光模块接收功率过低，请检查设备 PON 接口光纤连接是否正常，并注意光纤是否有破损，光纤接口是否插接牢固。指示灯常亮时，需要及时联系运维人员检查。在光纤连接正常的情况下，此指示灯应当熄灭。

Q3：设备上电后，网络 G 指示灯熄灭或闪烁。

A：网络 G 指示灯熄灭表示 GPON 链路未正常建立，网络 G 指示灯闪烁表示 ONU 逻辑 ID 认证失败，出现以上两种情况都需要联系运维人员检查设备配置是否正确。当 ONU 设备注册成功后，网络 G 指示灯应该常亮。

Q4：设备上电后，前面板上绿色网口或者 IPTV 指示灯不亮。

A：指示灯不亮指明对应网口以太网连接未正常建立。请检查此接口上的网络设备是否正常上电，并且确保以太网电缆连接正常。通常，可以使用以太网电缆将设备的两个 LAN 直接连接，以检查电缆和设备状态是否正常。

Q5：光信号或 LOS 灯闪烁或常亮。

A：光信号或 LOS 灯闪烁或常亮的原因为 E8-C 终端收光弱或无光。

具体原因及判断：光路问题，需要检查光路，可通过不同测试点来确定故障范围。

处理方法：可在一级分光器前后、二级分光器前后测试光功率值。如果在一、二级分光器前测试光衰较大，则可联系光缆班处理光缆问题。如果在一、二级分光器前测试正常，分光器后测试光衰过大，则需更换分光器。如果一、二级分光器前后测试光衰均正常，则需检查冷接头或光皮线是否受损。

Q6：光路正常，网络 E/G 或 PON 灯不亮。

A：网络 E/G 或 PON 灯不亮的原因为 E8-C 终端在 OLT 上未注册。

具体原因及判断：用户欠费或因环路造成的 LOID 未激活。

处理方法：先判断用户是否欠费(新装机很少出现该情况)。如果用户欠费，请用户到营业厅缴费，24 小时内将会开通。如果用户未欠费，先检查用户的内网，仔细查看用户的内网是否有环路。如果用户的内网有环路，则拆除环路后，联系 11833112，将用户 LOID 做激活处理。

Q7：网络 E/G 或 PON 灯慢闪(注册中)，注册进度 30%，一直 offline。

A：网络 E/G 或 PON 灯慢闪，注册进度 30%，一直 offline 的原因是 ONU 未注册成功。

具体原因及判断：E8-C 终端上行对应的 OLT 设备的 PON 口与工单资料不相符。

处理方法：该问题一般出现在新开小区，需要联系 11833112 进行 PON 口确认。如果 PON 口资源不正确，则应联系光缆维护班核实或查看光路跳接情况是否正确。

Q8：注册进度到 30% 不动，online；语音配置未下发，宽带正常。

A：注册进度到 30% 不动，online；语音配置未下发，宽带正常的原因是 ITMS 注册失败。

具体原因及判断：ITMS 平台未录入 E8-C 终端或 LOID 的资料，OLT 上语音通道未打开。

处理方法：需联系 11833112，查看工单在流程中是否存在问题。如果工单正确，则需要登录到 E8-C 终端，查看在"状态→网络侧信息→VoIP 项"下是否能得到 IP 地址。若不能得到 IP 地址，则应联系传输机房和数据机房查看语音通道情况。若能得到 IP 地址，则在"应用→宽带电话设置"中手动配置语音数据。如果工单不正确，则将工单退回营业厅重新受理。

3.4.2 FTTH 装维注意事项

(1) FTTH 装机的理论光衰正常值为 −4～−26 dB。实际值要以用户实际体验为主。光衰值过大或过小都有可能引起用户侧故障。

(2) FTTH 障碍处理流程。FTTH 障碍处理流程如下：

开始→初步定位故障位置→检查 ONU(F460)或 ONT(F660)状态→检查用户终端侧光纤及光功率→检查设备运行状态→检查设备数据配置(主要检查 LOID 号码与实际资源是否相符以及数据下发是否正常)→检查设备上层状态(主要与机房沟通，请机房配合查看问题原因)→根据问题确定解决方案→用最完善的方法解决障碍。

(3) 判断 FTTH 障碍的原则。判断 FTTH 障碍的原则如下：

① 先用户端后局端。

② 先物理通道(光路)后数据通道。

③ 先区分业务后判断原因。

④ 先用户数据后网络层。

(4) 检查光路的方法。检查光路的方法具体如下：

① 使用光功率计分段检查光路状态(分段为用户接入点、楼道分线盒、分光器等处)，定位发生故障的段落。

② 光纤快速连接器是否插好。

③ 光纤是否弯曲半径过大。

④ 光纤是否有断线。

⑤ 接收光功率是否正常。

3.4.3 IPTV 的常见故障

1) 网络不通

(1) 家庭网关以上的链路不通。

自动连接三次后断开，提示错误代码：678。

请按照以下步骤尝试解决故障：

• 重启机顶盒与家庭网关(猫)进行尝试。

• 如以上操作未能解决，请致电 10000 号。

(2) IPTV 接入账号异常或密码错误。

提示错误代码：691，IPTV 接入账号异常或密码错误。

请按照以下步骤尝试解决故障：

• 重启机顶盒与家庭网关(猫)进行尝试。

• 如以上操作未能解决，请致电 10000 号。

(3) 连接服务器失败。

提示错误代码：1302，连接服务器失败，请稍后再试一次。

故障原因：

• EPG 主页地址没有通过有效性检测。

- 针对 EPG 主页地址的域名解析失败。

- 多次重试连接 EPG 主页地址失败,无法与它建立连接。

故障处理方法:

- 新开户的机顶盒请检查机顶盒的主认证服务器地址是否配置正确。

- 配置的地址为域名方式,可以通过 Monitor 工具连接 5030 端口查看日志,确认是否域名解释失败。

- 检查机顶盒实际连接边缘 EPG 的 MTU 值的设置是否正确。

(4) 网络接入失败。

提示错误代码:1305,非常抱歉,网络接入失败!请稍后再试一次,如果仍然失败,请拨打客户服务热线进行咨询。

故障原因:

- DHCP 服务没有能够获得有效的 IP 地址。

- DHCP/DHCP+协议交互收到服务器返回的错误码。

处理方法:

检查机顶盒的 DHCP 相关配置参数是否正确,如鉴权、接入用户名和密码等。

(5) 设备异常。

提示错误代码:1306,设备异常,无法提供服务!请拨打客户服务热线进行咨询。

故障原因:

- 机顶盒没有进行初始化配置,没有任何配置信息。

- 机顶盒的关键配置信息(比如,MAC 地址、EPG 主页地址等)无效。

处理方法:出现该故障,则该机顶盒必须返修,并且需要通过串口或 PC 配置工具检测配置信息。

(6) DSLAM/BAS 的拒绝响应。

提示错误代码:1401,非常抱歉,网络接入失败!请稍后再试一次,如果仍然失败,请拨打客户服务热线进行咨询。

故障原因:IPTV 拨号收到 DSLAM/BAS 的拒绝响应。

处理方法:机顶盒打开双栈时,ADSL 账号或密码配置错误会提示 1401,可进入系统设置界面修改。用户开通时,这些信息应该是已经配置正确的,如果使用过程中出现这个错误,则只能向运营商咨询。

(7) BAS 服务器没有响应。

提示错误代码:1402,非常抱歉,网络接入失败!请稍后再试一次,如果仍然失败，请拨打客户服务热线进行咨询。

故障原因：IPTV 拨号成功，但没有收到 BAS 服务器的响应。

处理方法：检查是否是网络异常或是上层 BAS 链路异常，或是 BAS 服务异常。

(8) 宽带接入账号或密码错误。

提示错误代码：1403，非常抱歉，宽带接入账号或密码错误，网络接入失败！请稍后再试一次，如果仍然失败，请拨打客户服务热线进行咨询。

故障原因：IPTV 账号或密码配置有误。

处理方法：可进入系统设置界面修改。用户开通时，这些信息应该是已经配置正确的，如果使用过程中出现这个错误，应该只能向运营商咨询。

(9) 拨号超时没有响应。

提示错误代码：1404，非常抱歉，网络接入失败！请稍后再试一次，如果仍然失败，请拨打客户服务热线进行咨询。

故障原因：IPTV 拨号超时没有响应。

处理方法：多次重试，并检查上联的 ONU 是否状态正常。

(10) 机顶盒和家庭网关之间的网线断开。

提示错误代码：1901，非常抱歉，线路连接异常！请检查网线是否脱落或网络接入设备是否加电，检查后再试一次，如果仍然失败，请拨打客户服务热线进行咨询。

故障原因：网线未插上。

处理方法：确认网线接口是否松动。

(11) 无线网卡加载失败。

提示错误代码：1902，非常抱歉，无线网卡加载失败！请检查无线网卡是否连接正常，稍后再试一次，如果仍然失败，请拨打客户服务热线进行咨询。

故障原因：用户选择无线接入模式，但没有检测到无线网卡。

处理方法：确认无线网卡是否已经正常接入。

(12) 无线网络连接失败。

提示错误代码：1903，非常抱歉，无线网络连接失败！请检查网络接入设备是否加电，检查后再试一次，如果仍然失败，请拨打客户服务热线进行咨询。

故障原因：没有成功接入 AP。

处理方法：检查机顶盒的无线接入配置是否与 AP 一致。

2) 业务账号故障

(1) 故障代码 0209。

错误提示：系统错误：错误码 0209。

故障原因：不免费。

处理方法：鉴权不免费，需要用户通过模板订购(如果模板支持)或者到营业厅订购。

(2) 故障代码 0210。

错误提示：系统错误：错误码 0210。

故障原因：用户不存在或状态不正确。

处理方法：鉴权用户状态不正常，建议用户重新登录，管理员检查是否有非法用户接入。

(3) 故障代码 0211。

错误提示：系统错误：错误码 0211。

故障原因：用户余额不足。

处理方法：鉴权用户余额不足，需要用户充值。

(4) 故障代码 0213。

错误提示：系统错误：错误码 0213。

故障原因：ppv 不免费。

处理方法：鉴权 ppv 内容不免费，需要用户通过模板订购(如果模板支持)或者到营业厅订购。

(5) 故障代码 0214。

错误提示：系统错误：错误码 0214。

故障原因：系统错误。

处理方法：鉴权发生错误，维护人员需要检查日志和告警信息，查看是否是网络问题导致的链路中断异常或业务数据库异常。

(6) 故障代码 0216。

错误提示：系统错误：错误码 0216。

故障原因：EPG 负载均衡认证失败。

处理方法：维护人员检查用户 IP 是否在 ippool 中。

(7) 故障代码 0217。

错误提示：系统错误：错误码 0217。

故障原因：EPG 保存订购关系失败。

处理方法：订购错误，维护人员需要检查日志和告警信息，查看是否是网络问题导致的链路中断异常或业务数据库异常。

(8) 故障代码 0218。

错误提示：系统错误：错误码 0218。

故障原因：UserToken 更新失败。

处理方法：维护人员需要检查日志和告警信息，查看是否是网络问题导致的链路中断异常或业务数据库异常。

(9) 故障代码 0219。

错误提示：系统错误：错误码 0219。

故障原因：增值业务订购失败。

处理方法：鉴权产品未订购，需要用户通过模板订购(如果模板支持)或者到营业厅订购。

(10) 故障代码 0222。

错误提示：系统错误：错误码 0222。

故障原因：获取用户密码失败。

故理方法：进入机顶盒配置界面，查看用户账号密码是否填写正确或业务账号是否已经欠费。

(11) 故障代码 0223。

错误提示：系统错误：错误码 0223。

故障原因：机顶盒的 MAC 地址与系统平台的不相符。

处理方法：需要将 IPTV 业务账号进行解绑。

(12) 故障代码 0224。

错误提示：系统提示：用户书签信息缓存成功。

故障原因：用户书签信息缓存成功。

处理方法：不需要处理。

(13) 故障代码 0225。

错误提示：系统错误：错误码 0225。

故障原因：用户书签信息缓存失败。

处理方法：维护人员需要检查 EPG 日志，查看是否是 xbase 故障。

(14) 故障代码 0226。

错误提示：系统错误：错误码 0226。

故障原因：书签列表被锁，无法操作。

处理方法：维护人员需要检查 EPG 日志，查看是否是 xbase 故障。

(15) 故障代码 0300。

错误提示：系统错误：错误码 0300。

故障原因：当前浏览器不支持 Utility 对象。

处理方法：非规范机顶盒，请用户更换规范机顶盒。

(16) 故障代码 0301。

错误提示：系统错误：错误码 0301。

故障原因：请求参数非法。

处理方法：机顶盒浏览器不支持 Authentication 对象，请用户更换规范机顶盒。

(17) 故障代码 0303。

错误提示：系统错误：错误码 0303。

故障原因：获取域名地址列表失败。

处理方法：用户进入应急登录，不需额外处理。

(18) 故障代码 0304。

错误提示：系统错误：错误码 0304。

故障原因：获取业务入口地址列表失败。

处理方法：用户进入应急登录，不需额外处理。

(19) 故障代码 0306。

错误提示：系统错误：错误码 0306。

故障原因：更新域名地址和业务入口地址失败。

处理方法：维护人员手工发起同步域名地址和业务入口地址到用户所在 EPG。

(20) 故障代码 0307。

错误提示：系统错误：错误码 0307。

故障原因：书签上报错误。

处理方法：维护人员需要检查日志和告警信息，查看是否是网络问题导致的链路中断异常或业务数据库异常。

(21) 故障代码 0400。

错误提示：系统错误：错误码 0400。

故障原因：未知的异常。

处理方法：错误处理页面，检查 tomcat 和 EPG 日志中的错误日志。

(22) 故障代码 0502。

错误提示：系统错误：错误码 0502。

故障原因：第三方播放参数不够。

处理方法：全屏播放接口参数不够，检查第三方增值业务调用视频播放接口时，参数是否满足第三方播放接口规范。

3) 播放质量类故障

(1) 观看所有节目都卡。

故障原因：没有升速或者线路质量不达标。

处理方法：

• 检查端口速率，看是否满足 4 M 带宽以上(带宽不足，会造成观看直播节目卡，经常出现 EPG 错误。

• 查看线路质量，先判断室内接分机否，撤除分机后，再检查带宽情况。如果是线路问题，可更换主干线路解决。

• 断开宽带上网，只使用 IPTV，看是否卡。如果不卡，则为用户端原因；如果还卡，再更换一下 Modem 到机顶盒之间的网线测试一下，看是否还卡(请观察是直播、点播卡，还是某一个节目卡)。

• 如前面检查均正常，请报客户服务调度中心协调处理。

(2) 点播某节目提示网络繁忙或者你所点播的节目不存在。

故障原因：媒体文件不存在，或 HMS 服务器问题。

处理方法：报客户服务调度中心协调处理。

(3) 节目图像模糊或者黑白。

故障原因：电视机制式问题或者电视机自身问题或者机顶盒问题(机顶盒与电视连线错误)。

处理方法：重新设置电视机制式，并且将机顶盒默认输出设为 PAL(电视机一般设成 Auto 即可)。如无法解决，更换视频线、电视机、机顶盒试试。如前面检查均正常，建议用电视盒子＋笔记本来判断用户电视终端的好坏。

(4) 节目有图像没声音。

故障原因 1：可能是左右声道引起。

处理方法：尝试切换左右声道。

故障原因 2：音频线问题或者电视机音频接口问题或者机顶盒音频接口问题。

处理方法：更换音频线或电视机接口或机顶盒。

故障原因 3：如前面检查均正常。

处理方法：建议用电视盒子＋笔记本来判断用户电视终端的好坏。

3.5 天翼网关配置

天翼网关是智慧家庭的核心终端；作为"光猫＋智能路由器"的集合体，基于中国电信的 e-Link 协议，采用了全新的硬件、外观及智能操作系统，除支持原 PON 上行 e8-C 家庭网关的所有功能外，还新增支持手机客户端智能操控，并集成了丰富的智能应用，可满足中高端家庭客户使用需求，突显了创新与极致的体验。

3.5.1 e-Link 协议

e-Link(翼联)协议是中国电信在智能家居领域面向合作伙伴提供的对外开放协议和接口，具有在终端联网、平台对接等方面开放互联互通的基础能力。e-Link 协议借助中国电信光宽和渠道的优势，串联合作伙伴的优质产品和服务，共同创造用户体验。

e-Link(翼联)协议是一个综合性的、广义上的即时通信协议。它定位于信息化建设，是以"信息统一"为基础、以"沟通协作"为应用、以"以人为本"为根本设计理念的信息化平台。它不仅具有即时通信的功能，还将通信技术与计算机软件技术进行无缝融合，集成了语音、视频、数据业务，将异构网络中的数据相互转化，主动呈现给用户，同时还可以将现有的信息化建设的业务系统(比如：邮件系统、办公系统、管理系统等)有效集成，实现统一，且能提供消息实时分类、集中提醒等功能。

目前，e-Link 协议主要包括两类，智能组网和智能物联。

1) 智能组网

以中国电信智能网关为基础的开放 e-Link 快速连接协议，解决了家庭终端接入家庭网络的配置复杂、技术门槛高的问题。通过开放连接，实现无线 AP、电力猫、无线中继以及具备 Wi-Fi 能力的 EOC 终端等设备的自配置接入家庭网络，达到用户终端零配置。截至目前，业界主流的组网终端厂商 TP-LINK、中兴、华为、H3C、腾达、磊科、必联、烽火、海亿康等已完成了 10 余款组网终端的产品开发，2016 年已启动了智能组网产品的全国推广试点，可为用户提供无线覆盖分析报告、家庭组网终端推荐、组网方案设计等相关服务，开发的产品在上海、四川、广东、浙江、江苏等省市公司累计采购超过 20 万台。

基于中国电信定义的 e-Link 智能组网协议，支持 e-Link 的无线组网设备可以与天翼网关配合，实现以下功能：

(1) 无线组网设备自动学习并同步天翼网关的 Wi-Fi 配置，无需用户配置，即插即用。

(2) 同一个 SSID 下的家庭 Wi-Fi 无缝覆盖，用户在不同房间漫游时无需重新登录；一键配置智能家居设备联网，一次加入，随处使用。

(3) 只需安装一个手机 APP(天翼网关 APP)就可以实时了解并管理家庭内所有的终端，如拉黑蹭网设备、对各无线组网设备 Wi-Fi 进行个性化设置等。

2) 智能物联

智能物联面向第三方智能家居云平台，提供云互通 OpenAPI 及开发指南，进行开放对接，实现互联互通，为中国电信智慧家庭引入丰富的智能家居应用。中国电信目前已经初步建成智能家居开放平台，并与海尔、南京物联进行了智能家居平台互联互通的技术验证和产品对接开发，且与京东、博联、中兴等业界智能应用和平台厂家确定了平台对接的开发计划。e-Link 协议所属场景如图 3-43 所示。

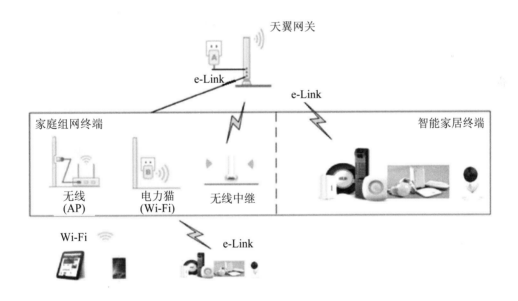

图 3-43　e-Link 协议所属场景

3.5.2　天翼网关组网方法

天翼网关 e-Link 组网步骤如下：

(1) 使用 telecomadmin 账号登录网关，在"状态"页面查看智能组网插件(inter_connd

插件)是否预装并处于运行状态，如图 3-44 所示。

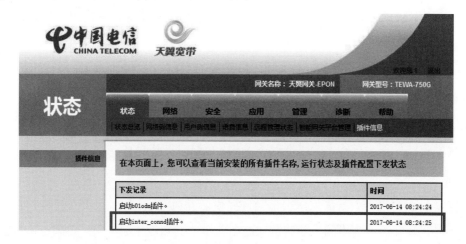

图 3-44　查看智能组网插件

(2) 使用支持 e-Link 协议的 AP 设备连接网关(建议先对 AP 恢复出厂配置)。

(3) 打开天翼网关手机 APP，进入"我的 WiFi"，可以看到"智能组网"，如图 3-45 所示。

(4) 点击"智能组网"，查看一键组网、一键开关缺省状态，以及下挂的智能组网子设备列表，如图 3-46 所示。

图 3-45　"我的 WiFi"下的智能组网图标　　　　图 3-46　"智能组网"界面

(5) 点击智能组网子设备，查看 AP 的"WiFi 配置信息"，显示子设备与网关同步成功，如图 3-47 所示。

(6) 通过手机 APP，若可以看到 AP 的 WiFi 信息(SSID 和密码)能和网关进行同步(包括 2.4G 和 5G，若网关为单频，则 AP 的 5G 信息为网关 2.4G SSID+ "_5G")，则关闭"一键组网"，那么 AP 的 WiFi 配置就不能和网关同步。"一键组网"关闭时，对 AP 的 SSID、密码等 WiFi 配置都可以设置成功。

(7) 打开"一键开关"，AP 的 WiFi 开关状态能和网关的 WiFi 开关状态同步。"一键开关"关闭时，对 AP 的 WiFi 开关状态可以设置成功。

(8) 通过手机 APP 修改"一键组网"和"一键开关"配置，网关断电重启后，之前配置都可以保留(一键开关、一键组网)，AP 组网功能正常。

图 3-47　子设备与网关同步成功

3.5.3　网关故障解析

本小节以问答的形式对网关故障进行解析。

Q1：为什么客户特定终端无法获得 IP 地址并上网？

A：请客户通过天翼网关客户端检查该终端是否在网关黑名单中，确认是否通过客户端或 Web 页面将该终端拉黑，如果终端未被拉黑且其他终端上网不存在问题，则可能是该终端网卡的问题。

Q2：为什么客户接入网关为有线终端方式时可以上网，无线时不能上网？

A：请客户通过天翼网关客户端检查 WiFi 模块是否处于关闭状态，是否设置了 WiFi 定时功能，是否 WiFi 功率设置过低，并通过 Web 页面检查无线密码是否正确。天翼网关手机 APP 提供了对天翼网关的基本关联功能，包括查看网关运行情况，修改无线名称、密码，关闭指示灯，重启，一键测速，在线关联等基本功能，装维工程师可在具体操作时向用户介绍天翼网关上述基本功能。

3.6　上门服务标准与现场礼仪规范

3.6.1　装维服务的基本原则

装维服务的基本原则如下：

(1) 遵守国家法律、法规和行业各项规章制度，保护用户通信自由、通信秘密、个人隐私及财产设施，严禁利用职务工作之便做出有损企业和用户利益的行为。

(2) 牢固树立"用户至上，用心服务"的服务理念和对企业、对用户高度负责的敬业精神，严格遵守装维操作规范和服务规范的有关要求，注重细节，努力提高服务质量和客户满意度。

(3) 诚实守信、准时履约、严格遵守与用户的约定，遵守"首问负责制"，做到热情诚恳、积极主动、服务周到，及时处理或反馈客户提出的需求。

(4) 从事客户端装维服务的人员，上岗前必须经过中国电信服务理念和专业技能培训，掌握中国电信服务标准、服务规范、作业操作规范，并取得装维服务资格认证。同时，装维人员除掌握维护技能外，还应通过培训掌握基础电信业务、电信资费、产品政策、主流套餐等营销基础知识，提升中国电信整体营销服务水平。

(5) 装维作业过程中，不能影响或中断其他客户的正常通信；不能擅自使用客户电话或线路，因工作联系需要使用客户电话时应征得客户同意后方可拨打免费业务电话。

(6) 严禁对客户产生过激言行，不能满足客户需求的必须及时向客户做出合理解释。

(7) 要从传统的按产品提供服务向按客户提供统一协同服务转变，即实现固话和宽带的装移机协同，实现同一订单的协同服务，100%实现同时上门安装。如涉及多名装维人员同时上门服务的，要明确由其中一人负责联系客户。

3.6.2　上门服务标准

1) 上门前的准备工作

(1) 工单阅读。上门前，需要对工单的套餐信息、安装地址、客户信息、接入方式、收费信息等进行阅读，并按照工单信息提前进行施工前的准备。

(2) 材料准备。上门前，要根据接入方式、套餐内容等准备好相应的材料，如终端为用户租用由局方提供，则提前备好终端设备，必要时要进行测试，而需要在局内进行绑定的设备则应提前做好绑定操作。

(3) 装机预约。

① 收到工单后两小时预约。装移机工单到掌上装维之后两小时内，装维人员通过掌上装维联系客户，与客户预约安装的时间。安装时间确定后，需要在掌上装维预约操作界面内输入实际预约安装的时间，保存后系统会自动向客户发送预约安装时间的确认短信。

② 预约安装时间到达前提醒。如果是非联系客户的当日装机，则客调系统会在预约安装时间到达前两小时内在掌上装维系统中提醒装维人员，同时短信通知客户提前在家等待。

③ 预约安装时间两小时内竣工回单。装维人员在预约安装时间上门，完成安装后需在两小时内进行回单操作。

④ 因客户或装维人员自身原因需要改约，则在预约上门两小时前改约。

⑤ 预履约率依照指标要求。

2) 上门服务要求

(1) 形象要求。装维人员上门服务必须身着有中国电信标识的统一工装，佩戴统一的服务工号牌。要注意个人卫生，不得留长发，勤洗手，勤剪指甲，不得弓腰驼背，站立时要保持腰板挺直，保持良好的服务形象。

(2) 用语要求。与客户沟通使用礼貌用语，交谈时要正视客户，耐心解答客户的疑难，不得说"不"、"我不清楚"、"这不归我管"等消极用语，遇到不清楚的问题可以将问题记下，后续了解清楚后回答客户。

(3) 着装要求。服务人员必须穿统一工装上门，佩戴统一的服务工号牌，工号牌应佩戴于胸前，穿绝缘皮鞋或深色胶鞋，鞋底鞋面不能过薄，工装整洁干净，纽扣齐全。室外施工要戴安全帽，不得穿着与要求不符的服装、配饰。

(4) 携带物要求。服务人员上门携带的工具包、手提包、腰包等工具要齐全。要保证整洁干净，不得污损、散乱，携带的材料(终端)如有包装，则保证包装完好，如无包装则捆扎整齐，避免散乱，带齐"五个一"，即为一双鞋套、一块垫布、一块抹布、一张客户联系卡及即时贴。

(5) 展示物要求。服务人员上门需要携带电信服务标准(服务界面)、收费标准、随销宣传资料，并定期进行更新。

(6) 交通工具。服务人员的交通工具，不论是自备还是统一配发，如电动自行车、电动三轮车或电动汽车，都要保持使用状态良好，并在合适的位置粘贴电信 LOGO 和"智慧家庭服务专家"的标识。

3) 上门服务流程要求

(1) 按门铃(或敲门)。如按门铃，按动按钮次数不要过多、过长，无论门是否开闭，均需敲门，敲门声音要清亮且力度适中，不宜过轻也不宜过重，时间不宜过长，连续敲两次每次敲三下，退后适中距离，面带微笑正视监视孔。如在 10 分钟内无人应答且与客户联系不上，应留下到访留言后方可离去，到访留言上应写明到访时间、离开时间、联系电话、联系人等相关内容。

(2) 问好并展示工牌。要主动向客户出示工号牌并自我介绍，得到允许后方能进入。根据客户要求穿鞋套或更换鞋进入客户室内。穿鞋套时，先穿好一只鞋套，穿好鞋套的脚跨入客户室内后，再穿另外一只鞋套。

(3) 确认订单内容(仅指装机)。服务人员要核对用户免签单信息与掌上装维开通单信息是否一致，确保套餐信息、客户信息、产品信息、收费信息的准确性。

(4) 展示服务标准(仅指装机)。服务人员要向客户说明或展示上门服务的标准(服务界面)，取得客户理解后才能开始施工。另外，在施工作业开始前，应主动向客户说明电信服务的界面，预防可能发生的超出服务范围的问题。

(5) 垫布及工具摆放。征求客户放置工具包的位置，用垫布铺在客户指定的位置，放下工具包。征求用户安装位置，全程按规范使用垫布和抹布。

(6) 施工方案确认。服务人员根据客户家庭环境确定施工方案，并和客户确认，客户同意后再行施工。施工过程中，确实需要挪动物品的，必须得到客户的许可，施工完毕后应放回原位。

(7) 布线及网络调测。服务人员按照沟通好的方案进行布线和设备安装调测，布线和设备安装要保证整洁美观，如需走明线，则应尽量向客户推荐隐形布线方案，或者在踢脚线、墙角、家居后面布线，减少对室内环境的影响。在各类终端安装、调试时，在保证使用安全和安装规范的同时，应尽可能地满足客户的合理要求，包括终端安装位置，网线、电话线、电源线的布放等。施工过程中，应主动征询客户意见，遵守各项装维施工规范，并结合客户实际情况采取适当处理措施。

(8) 业务开通。服务人员应按照订单内容进行业务开通，每项业务开通后要进行调试，所有业务开通后向用户做业务演示，讲解日常使用的基本知识及简单的维修保养常识，并赠送相关使用手册。对于智能组网产品，服务人员除了负责进行安装调试终端设备外，还必须做到几项服务型产品的介绍，为用户讲解组网方案及测试结果，调试完毕后让用户体验。

(9) 业务演示(测速、IPTV 演示)。宽带开通后，要进行测速，并展示测速结果，达到配置(申请)速率的 90%的视为速率达标，低于 90%的需查明原因，并调整网络。IPTV 业务开通后，要向客户演示遥控器的使用方法，节目内容的直播、点播、回放操作。

(10) 即时贴。服务人员要将客户的宽带及 IPTV 的账号密码填写到即时贴上，并粘贴在机顶盒或光猫的背面，以便处理障碍时使用。

(11) 现场清理。施工结束后，服务人员要将工具收整，清理施工环境，对接触过的物品和家具进行清洁还原，并现场请用户验证。

(12) 告知注意事项。施工结束后，服务人员要提示光猫、光纤、无线上网的注意事项。如客户使用路由器上网，则引荐客户购买电信智能组网中的品牌双频路由器，减少路由器产生的故障率，同时提醒客户后期对自己的服务进行满意度打分。

(13) 随销宣传。服务人员在服务过程或结束时可以向客户推荐电信相关产品，如翼支付、智能家庭组网、智慧家居服务、宽带提速或高清 IPTV 业务等，切合客户需求说明产品的优势，必要时留下相关宣传资料。

(14) 施工作业完毕后，要当场填写施工单(包括材料、技术参数、施工人员等)，征询客户意见，并请客户签字确认。如客户有不满意的地方，应及时处理解决或给予合理解释。服务人员在离开时要留下服务联系卡，联系卡上包含服务人员的联系信息，如微信号、手机号、陕西电信公众服务号等，以便今后提供便捷的服务和营销沟通渠道。

(15) 道别。服务人员的所有携带物品都已经清理完毕，现场已经恢复整洁后，应与客户道别，并感谢客户对我们工作的支持。

4) 服务用语规范

(1) 电话接通时，确认通话对象并做自我介绍——"您好，请问是*先生(女士)吗？我是电信公司工作人员，工号是***或姓名***。"

(2) 确认客户是否讲话方便——"请问您现在讲话方便吗？"

(3) 如果客户要求过一会儿再联系，应确认下次联系时间——"好的，我稍后会再和您联系，不好意思打扰了!"

(4) 客户表示讲话方便，则说明通话事由——"*先生(女士)，您办理的**(固话、宽带、IPTV 等)业务(装机、移机)需求，将由我为您提供后续服务。"

(5) 向客户告知在布放线缆、业务开通等方面的注意事项和准备事项——"为了能快速顺利地为您安装**业务，我们需要您配合确认几个问题"，比如需向客户了解家庭信息箱的位置、尺寸大小，电源的位置，用户户内布线，原先线缆入户方式(明线或暗线)等情况。

(6) 客户表示已完成准备工作，则需要确认服务时间——"根据您办理业务时约定的上门服务时间：*日*时，我将按时上门为您安装，您看可以吗？"或者是"好的，我约在*日*时上门为您服务。"

(7) 如果客户认同预约的时间，则需要确认地址——"请问您家的地址是**街*号*栋*单元*号吗？"

(8) 确认联系方式——"我的联系电话是***********，如果有任何变化请您提前和我联系。"

(9) 最后，礼貌再见——"谢谢您，再见！"(必须等对方挂断电话后再挂机。)

5) 上门服务基本话术

(1) 敲门后，当听到客户询问时，在门外简单报明身份——"您好！我是电信公司工作人员，我来为您安装(维修)宽带(固话、IPTV)业务。"

(2) 客户开门后，向客户说明身份——"我是电信公司工作人员，***(全名)，这是我的工作证。"

(3) 与客户商量作业地点——"女士/先生，请问您想将**业务装在什么位置？"

(4) 如果是上门排障，询问客户业务终端放置地点——"女士/先生，请问您的**业务终端放在什么位置？"

(5) 作业顺利完成，请客户检查确认——"您的**业务已安装(维修)结束，请您试试看。"

3.7　销售技能与模式

3.7.1　销售基础知识

1) 熟知当前资费政策

熟悉掌握目前的资费政策，例如单宽、融合、单卡资费，智能组网产品、礼包、智能家居产品业务售价。

2) 认识自身优势

(1) 宽带优势。FTTH 光纤接入，保证线路质量；100M 或 300M 的千兆网速的提速政策，使得上网体验更畅快，更保证了智慧家庭的实现基础。

(2) 技术优势。

• 百兆宽带随意享受，同时提供了高速的无线网速，注重用户高速体验。

• 装维服务，保证 Wi-Fi 信号无死角，从而改善了无线质量，无需用户动手即可轻松享受组网服务。

• 手机 APP 管理实现网络智能化，提供智慧家庭产品整体解决方案，打造智慧家庭粉丝级用户。

(3) 产品优势。小米、华为、中兴、360 等多家合作厂家，提供匹配电信 e-Link 协议的产品。产品的质量过硬，经过上千次测试，兼容性广泛，并且使用场景不挑剔，从而保证用户满意使用。

(4) 服务优势。在做好硬件销售的同时保障软件服务支撑，让用户享受到硬件＋质保＋服务的高品质"产品"，保障用户可以放心地使用，消除用户维保的烦恼。服务团队严格遵守电信上门服务标准及现场礼仪规范，拥有专业级服务水准，获得了用户的良好口碑。

3) 明确销售目标

主要目标：最希望这次营销达成的业务事项。

次要目标：如果你没有办法在这次营销中达成主要目标，你最希望达成的业务事项。

在接触用户时，常常没有设定次要目标，因此在没有办法完成主要目标时，就结束销售，不要既浪费了时间，又在心理上造成负面的影响。

3.7.2 常用销售模式

1) 电话销售模式

(1) 目的明确。在打电话之前，要认真思考，组织语言，不要在打完电话后才发现该说的话没有说，该达到的销售目的没有达到。

(2) 语气要平稳，吐字要清晰，语言要简洁。有许多营维经理由于害怕被拒绝，拿起电话就紧张，语气慌里慌张，语速过快，吐字不清，这些都会影响到你和对方的交流。

(3) 必须清楚电话是打给谁的。有许多营维经理电话一通，还没有弄清楚要找的人时，就开始介绍自己和产品，结果对方说你打错了或者说我不是某某。还有的把用户的名字搞错，把用户的职务搞错，有的甚至把用户的公司名称搞错，这些错误让你还没有开始销售就已经降低了诚信度，严重时还会丢掉用户。因此，每一个营维经理都不要认为打电话是很简单的一件事。在电话营销之前，一定要把用户的资料搞清楚，更要搞清楚你打给的人是否有采购决定权。

(4) 必须在 1 分钟之内将自己的身份和用意介绍清楚。这一点是非常重要的，在电话销售时，一定要把电信公司、套餐名称和产品的名称以及资费说清楚。在电话结束时，一定别忘了强调你自己的名字。

(5) 做好电话登记工作，及时跟进。电话销售后，一定要做好登记，并及时总结，把用户分成类。甲类是最有希望成交的，要在最短的时间内做电话回访，争取达成销售目标；乙类是可争取的，要不间断地跟进。

2) 接触销售模式

利用装维时接触用户的机会，进行销售。销售七步法具体如下：

(1) 欢迎/问候：通过自然地欢迎/问候，让用户有亲切感，愿意与你交流。

(2) 根据特征判断用户类型：根据关键特征判断用户类型，包括性别、年龄、着装、言谈举止等，有切入点的交流判断。按判断的用户类型与用户互动交流沟通，根据用户的性格特征可以把用户分为以下几个类型：

① 固执型。

心理特征：坚决、强硬、经常压价、喜欢要求折扣、提出很多价格上的要求、喜欢引用竞争对手作比较。

对策：对于这类用户的价格要求，不要轻易做出让步。针对用户引用竞争对手做比较，就要向他阐明自己的优势所在，为用户比算我们产品的具体内容。例如，介绍融合套餐的价格，其中包含固话、宽带、IPTV 及三张手机卡，这些完全可以满足用户一家的手机、固话、电视、宽带及 Wi-Fi 的需求，并且对比用户家中每人使用的异网产品的价格，广电的有线电视费用，逐一核算各项费用之和后再对比融合套餐，通过比算结果让用户对电信的产品进行全面的认识，从而采购我们的产品。

② 谢绝型。

心理特征：传统保守、缺乏自信、不敢冒险、缺乏想象力、被常规所束缚、态度消极。

行为方式：(a) 不容易被新主意所打动，关心细节，对一些小事非常关心，因此会提出许多小疑问；(b) 总是不断地引用过去；(c) 呆板的采购方式，很难被新机会所打动。

对策：这类用户并不可怕，说服这类人的有效办法就是始终保持积极的态度，列举出合理的套餐政策，确保利用很多证据来证明你的新产品，对其所提出的异议要一一解答。

③ 友善的外在型。这类用户非常好相处，但也许是最没有用的用户。

心理特征：自信、热心、对人友善、不怀疑人、无纪律、不粗心、幽默。

行为方式：(a) 爱多嘴，说一些无关紧要的话；(b) 好客，很少谈正事，这要求我们必须有技巧地把他引入正题；(c) 不喜欢能力强的人，就喜欢老实人，我们在他面前要表现得诚恳一些；(d) 喜欢被别人视为好好先生，所以要学会赞颂他；(e) 不守时，不在乎时间和计划。

对策：强迫他回答"是"与"不是"。当他谈论一些无关紧要的话题时，要有技巧地引入至正题，不要被他引偏。

(3) 探寻需求：通过观察＋提问＋倾听，深入交谈，了解用户需求。其中，提问是最好的挖掘利器，可以通过正面侧面的提问方式来探寻，提问的问题不宜过多，应经常使用"漏斗式"提问法，即像漏斗一样先提问开放式问题，再慢慢收窄范围，以封闭式提问结束，挖掘出用户需求。

观察：观察家庭人员情况及现有产品使用情况，观察室内装修及用户年龄层次判断消费水平。利用观察结果决定提出的相应资费政策及智能组网产品。

询问：在探索需求的过程中，营维经理最典型的毛病就是总在问，总是以自我为导向。其实，我们的角色是帮助用户进行采购，用户要花钱达到他的目的，而我们只是解决方案体系的一部分。在用户看来，我们应该是替他着想，为他提建议的。所以，我们应该站在用户的角度，站在用户需求的背后来分析和提问，如询问用户是否有智能电视，iPad 等其他电子产品，从而证实用户对带宽及 Wi-Fi 的需求，以达到推荐高速率带宽及智能组网的目的。

倾听：提问和倾听是销售过程中的核心技能。营维经理在跟用户交往的过程中，无非就是听和说，所以倾听和提问非常关键。应该如何使用开放性的问题，怎么用封闭性问题，怎么保证自己的提问清晰、完整，如何跟用户达成共识，这些都是非常重要的技能，需要营维经理养成良好的习惯。

例如，提问五法：

① 单刀直入法："您家办理的是 50 兆的光速宽带吗？"

② 连续肯定法："很高兴为您服务，我想能在宽带上快速地浏览和下载电影对您来说一定很重要，是不是？"或者"好，如果现在您有机会畅享 100 兆光速宽带，但所需要的费用和现在的资费比较起来不会高太多，您应该不会拒绝吧？"

③ 诱发好奇心："能耽误您 2 分钟时间吗？我想请教一个问题。"

④ "照话学话"法：如经过一番劝导，用户不由说："嗯，目前我们的确需要这种产品。"这时，营维人员应不失时机接过话说："对呀，如果您感到使用我们这种产品能节省您的时间，给您生活带来更大方便，那我现在就给您办理吧。若您现在办理，我还能帮您现在安装，即装即通，让您完全省心！"

⑤ 反应式提问法：用户说："这个融合套餐到底值不值这个价钱啊？"营维人员要向用户介绍融合产品的带宽、服务、产品等多方面的价值，还要通过比算用户家人使用后的费用节省，全方位地提高用户对我们电信融合宽带的完整认识。这些做完后，再反问："您看融合套餐是具有划算的价值吧？"

(4) 推荐产品：深入挖掘用户需求之后，营维经理就要给用户提出建议，为用户推荐终端/套餐/业务/智能组网产品，介绍不同终端/套餐/业务/智能组网产品的特征、优点、好处。通常，用户希望有所建议，因为对用户来讲，营维经理是电信领域的专家。营维经理给用户的推荐，才是销售行为的价值。

但是在挖掘用户需求之后，营维经理先不要急于给用户推荐。如果推荐的业务使用户产生误解，前期的所有努力就会付之东流，应首先认可用户，称赞用户，称赞用户的需求，称赞他的思考，再给用户一个建议，让用户认为是自己决定采纳此项业务的。

(5) 示范/体验：站在用户角度，让用户亲身体验。营维人员应主动示范，让用户体验终端/业务等的亮点及带来的好处，并应专业自信地讲解，确保用户体验顺畅。

(6) 销售结果。

① 用户满意，达成销售：营维经理应使用随身携带的受理单，直接为用户填写，并使用翼受理客户端现场为用户办理，并承诺当日即可装通，以提高用户对服务效率的满意度。

② 辐射用户朋友圈：对销售成功的用户，可以让用户在小区业主群及朋友圈为自己宣传，帮助自己拓展业务。针对用户能力的强弱，可以发展用户为自己在此网格的二级代理，并适当返款(部分佣金)以提高用户兴趣。

③ 用户拒绝：当用户未做决定或拒绝后，应记录用户信息(消费类别、联系方式、当前产品信息、潜在需求)，并留下联系方式，方便用户再次联系自己。

(7) 做好售后服务：为用户提供满意的售后服务，嘱咐用户使用的注意事项，例如客服热线电话、技术援助、售后服务等。如果有其他需求需进一步跟进，并应诚恳地感谢用户。

3) 选取目标销售模式

营维经理除正常的装维工作外，还应时刻搜集网格内的用户信息，建立清单目录，对清单用户的销售可使用以上介绍的七步法。

清单目录具体如下：

(1) 驻地网交房清单目录：对营维经理网格内新建楼盘交房日期做好统计，对交房半年至一年时间内的网格重点关注，可在网格内张贴海报，与物业疏通关系，让他们协作发放宣传单或发展物业为二级代理，保障小区内需求宽带等业务用户及时揽装，避免用户流失异网，从而提高网格内宽带及各项业务用户净增指标。

(2) 套餐类型分类清单目录：对网格内用户套餐类型进行分类汇总，建立清单。当新资费政策出台后，可及时选取对应档位套餐用户及低一档用户进行电话销售模式，从而达到高成功率的销售结果，实现个人业务的提升。

(3) 欠费及拆机用户清单目录：对欠费用户进行清单汇总并定期进行电话销售，催缴成功即可提高网格内宽带净增，带动业务收入增加。因欠费用户大多由于嫌资费高等原因准备拆机，故可以根据用户需求推荐低一级套餐或使用公司提供的焦土政策予以挽回。已拆机用户同样如此，利用拆机拆线等机会，为用户推荐用户满意的套餐或使用焦土政策，力争挽回用户，如计时宽带政策，以抢占用户进户线为目的，不给异网留有机会，保留用户存量。

以上销售技能与模式的介绍，可以总结为一句话：简单的事情重复做，重复的事情习惯做，习惯的事情用心做。

3.7.3 天翼智能组网产品标准营销话术

1) 新装宽带客户

工作人员：＊先生/女士，您的宽带业务已经办理好了，您马上就可以畅享电信的光纤宽带啦。

客户：谢谢！

工作人员：您装好了宽带，在家里肯定会用无线进行上网吧？(一个封闭式问题引入无线上网话题。)

客户：是的。

工作人员：现在手机和 iPad 上网非常普及，家里无线上网必不可少，随时随地无线上网确实非常方便，但是经常会遇到有个角落无线信号不好的情况，您说是吧。(一个封闭式问题直击客户痛点。)

客户：是的。

工作人员：现在，我们电信专门为光纤/百兆宽带客户提供了无线解决方案，可以让您家里的无线信号随时随地满格。请问您家里是什么户型，我帮您参谋下？(一个卖点吸引客户兴趣。)

客户：＊＊＊。

工作人员：我觉得，我们电信的这款尊享服务(根据户型选择)特别适合您。我给您详细介绍下。

2) 老宽带客户

工作人员：***先生/女士，您已经是我们电信宽带的老用户了，相信您平时在家经常会用手机或 iPad 上网吧？(一个封闭式问题引入无线上网话题。)

客户：是的。

工作人员：是呀，现在手机和 iPad 也是非常普及了，随时随地无线上网非常方便，但是我相信您肯定遇到过家里某个角落无线信号不好的情况吧。(一个封闭式问题直击客户痛点。)

客户：是的。

工作人员：现在，电信针对此问题，为我们老客户提供了解决方案，可以让您在家里的任何一个位置无线信号满格。请问您家里是什么户型呢？

客户：***。

工作人员：我觉得，我们电信的这款尊享服务(根据户型选择)特别适合您。

3) 客户异议处理

客户异议 1：(推荐尊享服务/定制服务时)我已经有无线路由器(无线 AP)了，不需要。

异议处理：我以前也是只用了一个无线路由器(无线 AP)，但是经常遇见信号不好的情况，比如卫生间。我们这款尊享服务最大的特点就是让信号随时随地满格，我们好多客户换过之后都觉得好。

客户异议 2：我家里有好几个路由器，但是信号还不好，能解决吗？

异议处理：无线信号会受多种因素影响，包括无线路由器(无线 AP)的发射功率、频率等，无线信号多了还会相互干扰，我们提供的是专业的解决方案，不管多少无线设备，一个家里就一个信号，不但稳定而且不需要切换。

客户异议 3：价格比较贵。

异议处理：我们提供的是专业解决方案，包含设备和服务，会根据您的家庭情况提供最优的组网设计方案，信号质量有保障，且能有效解决网速不稳的问题(重点和用户谈服务价值，避免直接讨论价格)。

客户异议 4：我们家刚装修过，不想破坏装修。

异议处理：这个您大可放心，我们的智慧家庭工程师会根据您家的线路情况设计方案，也有很多线路复用的技术，保护您的装修，我们这边好多客户都是刚装修过的。

陕西电信

智慧家庭工程师培训认证教材

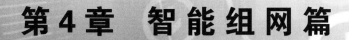

第4章 智能组网篇

本章从智能组网六步法说起,主要对智慧家庭组网中需要用到的各类设备和技术,如路由器、电力猫、EOC/WOC 组网、POE 供电等,及其设置与连接等的实践操作方案给出示范,并给出了如智能安防、智能家电等智能家居系统的各应用场景介绍及组网设计的方案。

4.1 智能组网六步法

智慧家庭工程师在上门服务时,可以通过以下六步进行智能组网:

第一步:需求分析。

智慧家庭工程师通过实地查看并与用户沟通,了解用户的家庭户型、网络结构和用户的上网需求。

第二步:现场测评。

进行有线接入速率的测试,在用户指定的 Wi-Fi 测试点采用专用软件进行 Wi-Fi 网络质量的测试。

第三步:设计方案。

根据现场情况向用户提供组网方案,并说明预期效果。

第四步:设备选型。

根据用户对网络的需求,选择符合 e-Link 协议的无线路由器、无线中继器或电力猫等设备。

第五步:施工安装。

根据设计方案,在用户家中部署信息点,并安装调测相关设备。

第六步:完工测试。

组网完成后,再次进行家庭网络质量测评。当网络质量评测结果达到组网预期效果后,由用户确认后报竣工。

针对用户家庭布线情况进行排摸,结合测试结果,设计家庭网络组网/优化方案,确认在合适的信息点位置补充无线组网设备,以增加覆盖面。在既有布线不具备的条件下,可能需要铺设从家庭网关(信息汇聚点)到各信息点的以太网线,可以根据实际情况和用户需求，采用在暗管内增设线路，或者采用敷设明线的方式，沿墙缝走线，尽量使线路保持隐蔽(或使用隐形光缆、扁平线等)。

组网方案应与用户进行沟通确认，得到认可后方能施工。

4.2 常见户型智能组网方法

4.2.1 智能组网设计指南

1) 家庭室内布线

(1) 综合布线。在布线设计时，应当综合考虑电话、网络电视、宽带和智能家居的布设。为满足智慧家庭的需求以及灵活便利性，家庭内部电话、网络电视和宽带应全部采用超五类或六类线布线。

(2) 注重美观。家居布线更注重美观，因此，新房布线施工应当与装修同时进行，尽量将电缆管槽埋藏于地板、装饰板之下或暗埋于墙体内，信息插座也要选用内嵌式，将底盒埋藏于墙壁内。已装修房没考虑室内布线的，可采用槽板明敷，槽板宜沿踢脚线边沿敷设。

(3) 信息点设置应适当冗余。综合布线的使用寿命为 15 年。今后技术的发展，会使得智慧家庭程度越来越高，因此，适当的冗余是非常有必要的。

2) 家庭多媒体信息箱的相关要求

家庭多媒体信息箱也称为家居布线箱或多媒体箱，是一种将多种信息网络系统的输入端，通过改变系统的配线方式和电缆数量的配置，调整系统的电气性能及扩展系统的使用功能等来满足信息输出端要求的网络设备。

家庭多媒体信息箱主要包含以下几种模块：

(1) 电话/语音模块：实现多路语音/数据信息的转接；

(2) 语音/数据连接模块：实现网络/数据的传输；

(3) 音/视频分配模块：实现家庭影视信息和音乐多路播放；

(4) 电视连接模块。

家庭多媒体信息箱在空间上必须满足下列要求：

(1) 安装一台 ONU 设备，ONU 设备占用空间不小于 200 mm×210 mm×40 mm；

(2) 一般家庭布线进入家庭多媒体信息箱后预留 30 cm，以便做接头；

(3) 家庭终端网络设备功耗应小于 15 W，用户在装修时需要为其引入电源线，在终端箱内应设置一个电源插座，ONU 的安装位置宜设置在终端箱的左边；

(4) 家庭多媒体信息箱必须在装修过程中进行预置，预留进出光电缆孔，并引入电源线。综合以上家庭多媒体信息箱的功能要求和实际产品，建议家庭多媒体信息箱内部净空尺寸不小于 350 mm(宽)×300 mm(高)×110 mm(深)。家庭多媒体信息箱材质建议采用塑胶面盖和金属底盒。

3) 网线的选择

网线是组建局域网时必不可少的传输介质。在局域网中，双绞线、同轴电缆、光缆是常见的三种网线，其中双绞线又是综合布线工程中最为常用的一种传输介质，其采用一对互相绝缘的金属导线以对绞的方式来抵御电磁波干扰，即将两根绝缘的铜导线按一定密度互相绞在一起。

按照 ISO/IEC 11801 标准，双绞线可分为一类线、二类线、三类线、五类线、超五类线、六类线、七类线、超七类线等。目前，市面上三类和四类双绞线已被淘汰，五类不常使用，常用的网线类型是超五类和六类网线，至于七类网线，由于价格昂贵因此使用不太广泛。原则上，像五类、超五类、六类、超六类，网线数字越大，版本越新，带宽越高，但价格也会相应有所提高，各类网线的区别如图 4-1 所示。

类型	一类线	二类线	三类线	四类线	五类线	超五类线	六类线	超六类线	七类线
传输频率	比较低	1 MHz	16 MHz	20 MHz	100 MHz	100 MHz	1～250 MHz	200～250 MHz	至少500 MHz
最高传输速率	比较低	4 Mb/s	10 Mb/s	16 Mb/s	100 Mb/s	1000 Mb/s	1 Gb/s	1000 Mb/s	10 Gb/s
应用	80 年代初的电话线路	用于旧的令牌网	主要用于支持 10 M 网线	用于令牌局域网和以太网使用	适用于 100 BASE-T 和 10 BASE-T 网络	适用于千兆以太网	适用于传输速率高于 1 Gb/s 的网络	主要应用于千兆网络	适用于万兆以太网技术的应用

图 4-1 各类网线的区别

在智能组网设计中，可根据实际场景选取合适的网线。大部分情况下，超五类和六类网线即可满足今后十年内的使用需求。

4) 路由器的选择

现今百兆及以上光纤已迅速普及，在智慧家庭组网中所用到的路由器，可选择双千兆即配备全千兆网口和双频千兆 Wi-Fi 的产品。常见的知名无线路由器品牌有 D-Link、TP-LINK、思科、华为、小米等。路由器的选择主要考虑以下几个指标和功能：

(1) 无线传输速率。顾名思义，数字越大，表示无线路由器的无线传输速率越高。为了获得较好的无线上网体验及保障日后的宽带升级，建议选购至少 1000 M 的无线路由器。

(2) 网络接口速率。网口为 1000 M 的产品。

(3) 天线配置。标配为 5dBi 的产品。

(4) 接口配置。市面上，大部分家用宽带路由器都是基于"4+1"的接口配置，也就是 4 个 LAN 口和 1 个 WAN 口，一般情况下这也足够满足用户的需求。如果实际中有更高的需求，可选择更高配置的路由器。

(5) 其他功能。目前，市场上较好的无线路由器还带有远程管理、上网控制、客人 Wi-Fi、Wi-Fi 定时开关、防木马、防钓鱼、防蹭网、防暴力破解等高级功能。

目前各大路由器品牌均推出用于智慧家庭组网的无线路由器，价位通常在一百多元到三百多元不等，这些路由器都可满足普通户型住户的大部分需求，一般可根据实际需求进行选配。对于复式房型或别墅住户来说，可以考虑配备千元以上的高端路由器和相应的高端无线网卡来组网。当然，对于此类用户，还可以考虑选择无线中继器设备或电力猫设备来拓展网络覆盖，这样会更为有效。

5) 常见户型的智能组网设计

常见户型的智能组网设计的基本原则如下：

• 小户型：通过一个大功率的天翼网关 2.0 合理布局，覆盖整个房屋；

• 大户型：用户主要活动区域建议使用天翼网关覆盖，无线信号盲区辅助增加 1~3 个有线/无线面板 AP；

• 复式型：两个平面楼层独立布局，上下楼层的连接结点必须通过面板 AP(有线)传输，再辅助增加 2~6 个 AP 补充；

• 别墅型：建立机柜控制中心，每个平面楼层独立布局，每个房间尽量使用面板 AP 覆盖，同时兼顾室外和庭院的无线信号，方便用户架设视频监控等智能设备。常见户型组网方案模型及场景如图 4-2 所示。

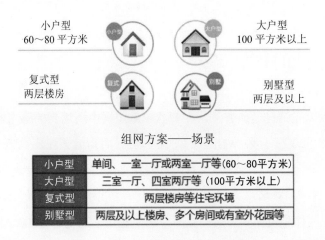

图 4-2　常见户型组网方案模型及场景

4.2.2 常见户型组网方案

1) 小户型智能组网(大众型1)

(1) 户型特点：户型比较方正。

(2) 单间、一室一厅(60平方米)。智能组网方式：

• 合理考虑用户家庭布局；

• 应在整个房间的最优位置安装天翼网关，确保信号全覆盖。

(3) 使用材料：1个大功率的天翼网关。

(4) 组网方案：小户型(大众型1)智能组网方案如图4-3所示。

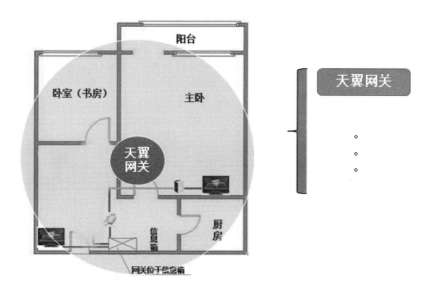

图4-3　小户型(大众型1)智能组网方案

2) 小户型智能组网(大众型2)

(1) 户型特点：两个卧室无网线。

(2) 三室一厅(100平方米)。智能组网方式：

• 在汇聚处即客厅的位置架设天翼网关，确保信号覆盖用户常用的区域；

• 利用书房的网线，安装有线面板AP，覆盖书房信号；

• 卧室2无网线，通过无线AP连接；

• 卧室1无网线，有承重墙无线AP安装不了，改用电力猫覆盖信号。

(3) 使用材料。

- 1个大功率的天翼网关；

- 1个有线AP，1个无线AP，1对电力猫。

(4) 组网方案：小户型(大众型2)智能组网方案如图4-4所示。

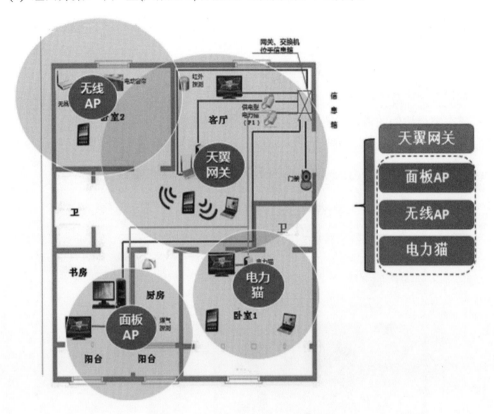

图4-4　小户型(大众型2)智能组网方案

3) 大户型智能组网(大众型3)

(1) 户型特点：厨房和卫生间无网线。

(2) 三室二厅(120平方米)。智能组网方式：

- 在汇聚处即客厅的位置架设天翼网关，确保信号覆盖用户客厅和次卧1；

- 主卧有网线，安装有线面板AP；

- 卧室2有网线，安装有线面板AP；

- 厨房和卫生间无网线，安装无线AP。

(3) 使用材料。

- 1个大功率的天翼网关；

- 2个有线面板AP，1个无线AP。

(4) 组网方案：大户型(大众型3)智能组网方案如图4-5所示。

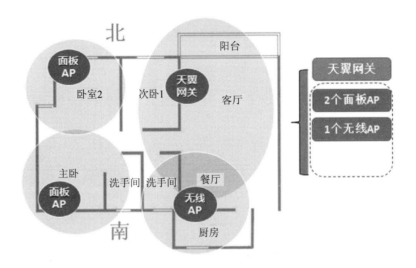

图 4-5 大户型(大众型 3)智能组网方案

4) 小户型智能组网 (狭长型)

(1) 户型特点：户型比较狭长。

(2) 两室一厅(80 平方米)。智能组网方式：

• 在汇聚处即客厅的位置架设天翼网关，确保信号覆盖用户客厅和主卧；

• 次卧如没有网线，只有有线电视线路，则通过基于有线电视同轴电缆网使用以太网协议的接入技术(EOC 技术)，安装 ITV 或有线面板 AP。

(3) 使用材料。

• 1 个大功率的天翼网关；

• 1 对同轴电缆转换器；

• 1 个有线面板 AP。

(4) 组网方案：小户型(狭长型)智能组网方案如图 4-6 所示。

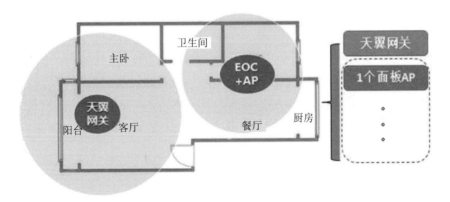

图 4-6 小户型(狭长型)智能组网方案

5) 复式大户型智能组网

(1) 户型特点：两层楼，楼上卧室无网线。

(2) 两层楼房复式居住环境。智能组网方式：

• 在楼下汇聚处即客厅的位置架设天翼网关，确保信号覆盖用户餐厅和楼下卫生间；

• 楼下客厅和客房使用面板 AP；

• 楼上连接结点务必使用面板 AP；

• 楼上卧室无网线，只有有线电视线口，通过 WOC 技术桥接方式，连接面板 AP，实现本点无线覆盖。

(3) 使用材料。

• 1 个主设备 +N 个延伸设备；

• 1 个利用同轴电缆(有线电视)实现无线信号增益的设备。

(4) 组网方案：复式大户型智能网方案如图 4-7 所示。

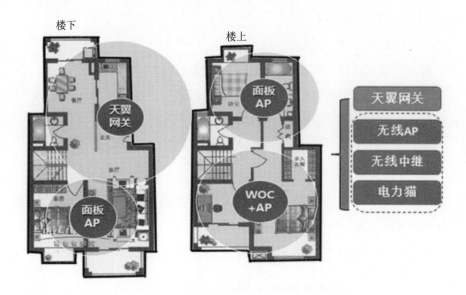

图 4-7　复式大户型智能组网方案

6) 别墅型智能组网

(1) 户型特点：顶楼无网线，室外无供电。

(2) 两层及以上楼房、多个房间或有室外花园等。智能组网方式：

• 在楼道建立机柜控制中心；

• 充分考虑每个平面的楼层独立布局，每个房间应尽量使用面板 AP 覆盖；

• 应同时兼顾室外和庭院的无线信号，方便用户架设视频监控等智能设备；

- 因室外摄像头无供电，可以使用 POE 反向供电技术。

(3) 使用材料。

- 1 个主设备+N 个延伸设备。

(4) 组网方案：别墅型智能组网方案如图 4-8 所示。

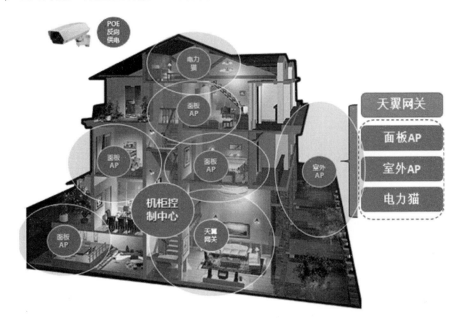

图 4-8 别墅型智能组网方案

4.3 常用智能组网技术

4.3.1 PLC 技术

PLC，即电力线通信(PLC，Power Line Communication)，是一种把网络信号调制到电力线上，利用已有的电力线作为通信载体，加上 PLC 局端和终端调制解调器，将原有电力网变成电力线通信网络，将原来所有的电源插座变为信息插座的一种通信技术，俗称"电力猫"。

PLC 设备分为有线电力猫和无线电力猫。有线电力猫是指不具备 Wi-Fi 功能的电力猫，无线电力猫是指具备 Wi-Fi 功能的电力猫，它可以解决无线覆盖问题。

PLC 是利用 1.6 M 到 30 M 频带范围传输信号的。在发送端，利用 GMSK 或 OFDM

调制技术将用户数据进行调制,然后在电力线上进行传输;在接收端,先经过滤波器将调制信号滤出,再经过解调,就可得到原通信信号。目前,PLC 可达到的通信速率依具体设备不同在 4.5~45 M 之间。

PLC 设备分局端和调制解调器,局端负责与内部 PLC 调制解调器的通信和与外部网络的连接。在通信时,来自用户的数据进入调制解调器调制后,通过用户的配电线路传输到局端设备,局端将信号解调出来,再转到外部的 Internet 上。

电力猫先将光纤上的网络信号"调制"到普通家用电源插座上,让信号在电线上传输。在电源插座上插上电力猫,电力猫会将电线上的网络信号分离出来;再用网线将电力猫与电脑主机网卡插口相接,即可实现上网。两种不同的电力猫产品如图 4-9 所示。

TP-LINK TL-PA500 500 M 电力猫   HUAWEI PT500 500 M 高速电力猫

图 4-9   两种不同的电力猫产品

用户家装潢可能导致存在综合布线盲点,使用电力猫则可以克服这些盲点,在不布放明线的情况下开通上网或 ITV 业务。

1) 有线电力猫适用场景

(1) 使用有线电力猫解决 ITV 问题,如图 4-10 所示。

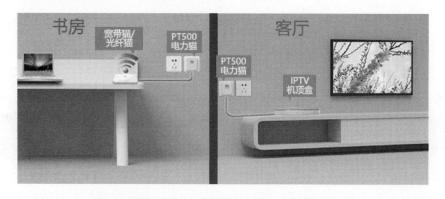

图 4-10   使用有线电力猫解决 ITV 问题

(2) 使用有线电力猫解决电脑上网问题,如图 4-11 所示。

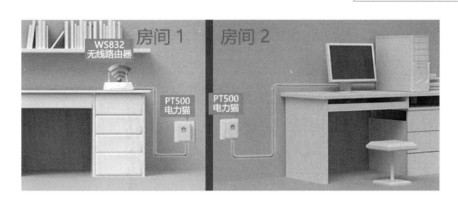

图 4-11 使用有线电力猫解决电脑上网问题

2) 无线电力猫适用场景

无线电力猫可解决家庭无线覆盖盲区的问题。在同一电表环境下，哪里无线信号不好，直接将扩展器插入信号不好的房间，进行无线信号扩展，最多可以接 7 个扩展器，如图 4-12 所示。

图 4-12 使用无线电力猫解决家庭无线覆盖盲区问题

4.3.2 EOC 技术

EOC 技术的主要作用就是滤波，即将高频信号和低频信号分开，将同轴线传输的低频信号转换为以太网传输的信号。利用 EOC 技术，可将 ITV 信号或宽带信号通过同轴电缆进行传输，只要在 Modem 侧和信息点侧分别增设一个转换设备，就可以达到利用原有同轴电缆线路开通电信业务的目的。

EOC 技术适用场景：用户家室内布线只有电话线和同轴电缆(有线电视线)，现在想使用电信的 ITV 产品，但是出于美观考虑，不愿意布放明线，希望利用原有线路开通业务。EOC 的常用设备如图 4-13 所示。

EOC 设备(需成对使用)　　　　　同轴网桥

图 4-13　EOC 的常用设备

部分 EOC 技术存在干扰隐患。采用低频段的技术容易受到噪声干扰，对网络设备要求高，噪声汇聚将影响系统的带宽和性能。

4.3.3　POE 技术

POE(Power Over Ethernet)被称为基于局域网的供电系统(PoL, Power over LAN)或有源以太网(Active Ethernet)，有时也被简称为以太网供电，它是利用现存标准以太网传输电缆的同时传送数据和电功率的最新标准规范，并保持了与现存以太网系统和用户的兼容性。

在现有的以太网 Cat.5 布线基础架构不作任何改动的情况下，POE 技术可在为一些基于 IP 的终端(如 IP 电话机、无线局域网接入点 AP、网络摄像机等)传输数据信号的同时，还为此类设备提供直流供电。POE 技术能在确保现有结构化布线安全的同时保证现有网络的正常运作，最大限度地降低成本。

POE 的技术规范如下：
- 正向供电：电流从交换机流向网络终端；
- 反向供电：电流从网络终端流向交换机；
- 国际标准：IEEE 802.3af 或 802.3at(POE+)；

• 供电端设备(PSE)：为以太网客户端设备供电的设备，同时也是整个 POE 供电过程的管理者；

• 受电端设备(PD)：接受供电的 PSE 负载，即 POE 系统的客户端设备。

POE 供电分为两个模式，具体如下：

(1) 标准 POE 模式：POE 交换机具备交换机功能，在通过网线为终端设备传输数据的同时，还能使用同一根网线为终端设备提供直流供电技术。

与设备接通前，交换机会先向连接设备发送一个侦测信号，确认 PD 是否支持 POE 供电，如果设备支持，POE 交换机为该设备提供稳定可靠的 48 V 的直流电，满足 PD 设备不超过 15.4 W 的功率消耗，网线的数据传输及供电使用的都是 1、3、2、6 四根线；如果设备不支持，则只提供数据传输，POE 交换连接示意图如图 4-14 所示。

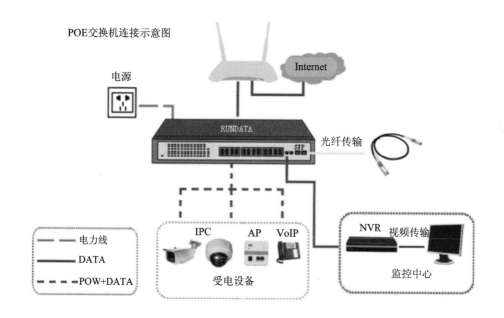

图 4-14　POE 交换连接示意图

(2) 简易 POE 模式：将会强制供电，不会发送侦测信号进行识别，可根据 POE 反向供电原理(见图 4-15)，利用用户家原有墙内一根五类线同时进行供电(4、5、7、8)和信号传输(1、2、3、6)；将一套 POE 设备分别放在多媒体箱内(或任何无电源的汇聚点)和业务使用信息点，使用信息点附近的电源插座向调制解调器或路由器供电。使用前，需仔细确认用户终端是否支持 POE，否则会出现损坏的风险。此方案无法满足 100 M 以上带宽用户，如 300 M 客户。

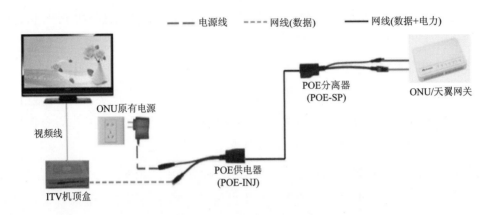

图 4-15　POE 反向供电示意图

简易 POE 模式的安装步骤如下：

① 将 POE 供电器(POE-INJ)的网线插入 ITV 机顶盒网口，ONU 原有电源输出线插入 POE 供电器(POE-INJ)的电源插口(母头)。

② 用网线连接 POE 供电器(POE-INJ)的网线接口和 POE 分离器(POE-SP)的网线接口。

③ 将 POE 分离器(POE-SP)的网线和电源输出线(公头)分别插入 ONU(光猫)网口和电源输入口。

④ 将 ONU 原有电源适配器插到电源插座上。

POE 设备有标准、复杂与简单三种，具体如下：

(1) 标准 POE 设备：如图 4-16 所示，1～8 端口具有 POE 功能，9 端口可作为上联端口。POE 单端口的 POE 功率可达 30 W，整机最大 POE 输出功率为 125 W，可进行智能功率管理。如果受电设备功率超过 125 W，交换机会自动将 8 个 POE 端口进行优先级排序，切断优先级低的端口的供电，以保证优先级较高的设备的正常供电。

图 4-16　标准 POE 设备 TP-LINK TL-SF1009PE

(2) 复杂 POE 设备：如图 4-17 所示，美国网件/NETGEAR GS105PE，全千兆 5 口简单网管 PD 受电、PSE 供电交换机(支持 VLAN)，5 口为受电端口，可以从上层 POE 交换机获得电源，1～2 口为 POE 电源输出的 PSE 端口，可以提供两个 POE 电源输出，可以向下接 POE 功能的 AP 面板。复杂场景的设备供电，如图 4-18 所示。左边为 POE 供电交换机，右边为网件受电、供电交换机。

图 4-17 美国网件/NETGEAR GS105PE

图 4-18 复杂场景的设备供电

(3) 简单 POE 设备：POE 设备整体连接图如图 4-19 所示。

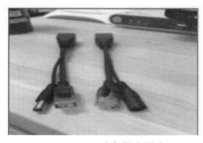

(a) POE 反向供电设备

(b) 终端侧供电示意图

(c) 电源侧取电示意图

(d) 整体连接示意图

图 4-19 POE 设备整体连接图

4.4　路由器 Wi-Fi 调试

路由器 Wi-Fi 调试包括：主无线路由器调试、无线中继/放大器设置，以及多台路由器的连接。

4.4.1　主无线路由器调试

1) 电脑参数配置

电脑端配置较为简单，将路由器连线连好后，将电脑的 IP 地址设置成自动获得即可。

2) 手机配置

手机配置需要连接到无线路由器上才能进行。首先要打开手机无线功能，查看无线网络列表，对照路由器底部铭牌标注的型号，查找需要连接的路由器，进行连接。通常情况下，所连接的路由器是信号最强且未加密的无线网络，如图 4-20 所示。

图 4-20　手机连接无线路由器配置

3) 管理地址的查询

连接到无线路由器后，查看一下路由器背面的铭牌，上面标注有该路由器默认的管理 IP 地址，有些会标注管理账户和密码，如图 4-21 所示。

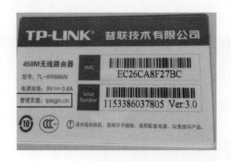

图 4-21　无线路由器的标示信息

172

不同厂商的管理页面登录方式不一样，如 TP-LINK 的管理页面为 tplogin.cn，而其他路由器的管理地址是 192.168.1.1 或者是 192.168.0.1，华为荣耀是 192.168.3.1，小米是 192.168.31.1 等。

4) 登录路由器管理页面

打开电脑或者手机浏览器，清空地址栏并输入查询到的管理地址，在弹出的窗口中设置路由器的登录密码，点击"确定"按钮，如图 4-22 所示。登录成功后，路由器会自动检测上网方式。

图 4-22 登录路由器管理界面

5) 一级路由设置

一级路由，是通过路由器进行拨号上网，因此光猫必须设置为桥接模式，如果是路由模式，请修改成桥接模式后再进行路由器配置。以 TP-LINK 路由器为例：

第一步：设置宽带账号和密码，如图 4-23 所示(由于此类图为截屏图，故图中的帐号同账号，登陆同登录等)。

图 4-23 设置宽带账号和密码界面

第二步，设置无线名称和无线密码，如图 4-24 所示。

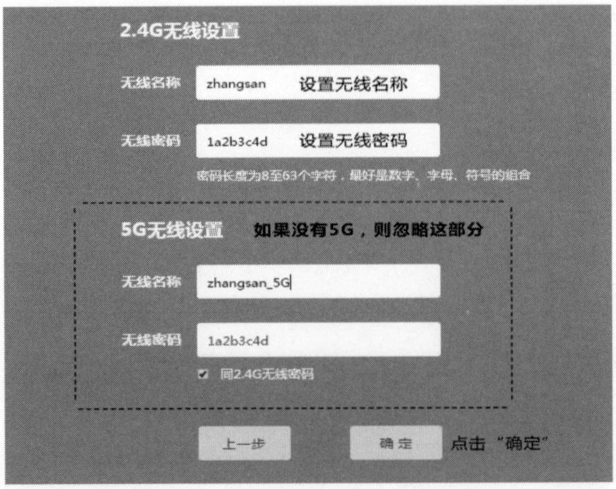

图 4-24　设置无线名称和无线密码界面

设置完成，等待保存配置。

6) 二级路由设置

二级路由，是通过光猫进行拨号上网的，因此光猫必须是路由模式。二级路由是指上网设备首先通过路由器进行 NAT(网络地址转换)，然后光猫进行第二次 NAT 转换，因此路由器的 IP 不能与光猫同属一个 IP 段，即路由器的管理地址不能是 192.168.1.1，否则需要在路由器的"LAN 设置"里修改路由器的管理地址。

设置方法与一级路由设置方法类似，仅将上网方式设置成"自动获得 IP 地址"即可。

4.4.2　无线中继/放大器设置

本节以 TP-LINK 的 TL-WA933RE 为例进行讲解。

1) 搜索中继器信号

扩展器插上电源后会发射名称为 TP-LINK_RE_XXXX(X 为举例)的无线信号。这个信号是"临时"用来设置扩展器的，设置完成后该信号就消失，如图 4-25 所示。

图 4-25　搜索中继器信号

2) 登录中继器管理界面

通过手机、iPad 连上 Wi-Fi 中继器无线信号,输入登录地址 tplogin.cn 或 192.168.1.253 进入配置页,如图 4-26 所示。

图 4-26　中继器配置方法界面

3) 搜索需扩展的Wi-Fi信号

登录扩展器后,扩展器会自动扫描周边无线信号,如图 4-27 所示。

选择需要扩展的无线网络,如图 4-28 所示。

图 4-27　搜寻需扩展的 Wi-Fi 信号界面　　　　图 4-28　选择需要扩展的无线网络界面

4) 接主路由器

输入待扩展信号(即路由器)的无线密码(此处并非设置新的无线密码),点击"扩展", 如图 4-29 所示。

图 4-29　输入待扩展信号的无线密码

扩展器的出厂默认信号消失，发射的无线名称和密码与路由器的完全相同。手机可以自动连接上扩展后的信号(也可以手动操作)，连接信号后即可上网。

需要注意的是，无线中继/放大器仅对原有 Wi-Fi 信号进行放大，以此达到扩展信号和增强信号的作用。实际放大的只是信号的强度，不能增大无线信号的传输速率。

实际安装中，用 Wi-Fi 分析仪选择信号比较好的位置，然后安装 Wi-Fi 信号的中继放大器。

4.4.3 多台路由器的连接

在一些较大的户型空间中，一台路由器无法满足网络信号全方位的覆盖，需要借助多台路由器做到无盲点的全方位覆盖。多台路由器可以通过有线和无线两种方式进行连接。

1) 多台路由器有线连接

当两台路由器之间可以穿放网线进行连接时，通常情况下我们将采取"路由+路由"的模式进行组网。此时，建议优选支持 e-Link 协议的路由器。

多台路由器同时运行的情况下需注意几点：

(1) 主路由器(与 Modem 相连的)的上网方式需选择"PPPOE 拨号方式"，正常调试通即可，如图 4-30 所示。

图 4-30 路由连接及主路由器的上网方式

(2) 第二台路由器的上网方式则需选择"动态IP",如图4-31所示。

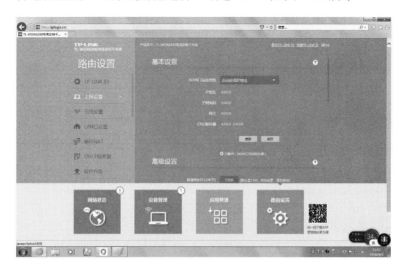

图4-31 第二台路由器选择"动态IP"

(3) 第二台LAN口的IP地址应和首台路由器的LAN口的IP地址不在同一地址段,防止IP地址冲突现象发生。例如:如果主路由器IP地址为192.168.1.1,那么第二台路由器可设置为192.168.2.1,如图4-32所示。

图4-32 第二台LAN口的IP地址设置

2) 多台路由器无线连接

当两台路由器无法通过网线进行连接时,"路由+路由"的模式还可以采用无线连接,运用无线网桥技术,将第二台路由器内的无线设置选择无线网桥,搜索到首台路由器的无线SSID,输入正确的密码,按步骤进行设置,搭建无线网桥。经测试,两台不同品牌路由器之间也可以搭建无线网桥。多台路由器无线连接步骤如下:

步骤一：以目前市面上最常见的 TP-LINK 路由器为例，在第二台路由器的无线设置界面中，将 WDS 无线桥接打开，选择主路由器的 SSID，并正确输入无线密码，如图 4-33 所示。

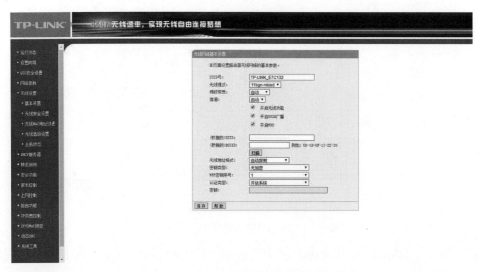

图 4-33　第二台路由器的无线设置界面

步骤二：作为网桥的路由器会自动生成主路由器的 SSID 和密码，如图 4-34 所示。此时我们点击下一步即可。

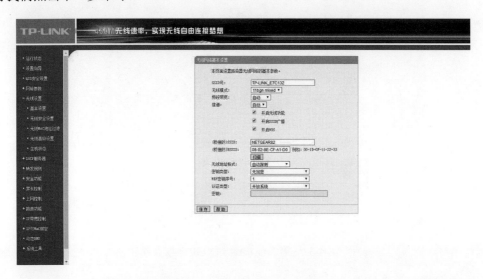

图 4-34　自动生成的 SSID 和密码

步骤三：进入最后的主副路由器信息校对界面，副路由器的 DHCP 服务会自动关闭 (终端获取的始终是主路由器分配的 IP 地址)，LAN 口的 IP 地址和主路由器不在同一网段。点击完成后，无线网桥搭建完成，如图 4-35 所示。

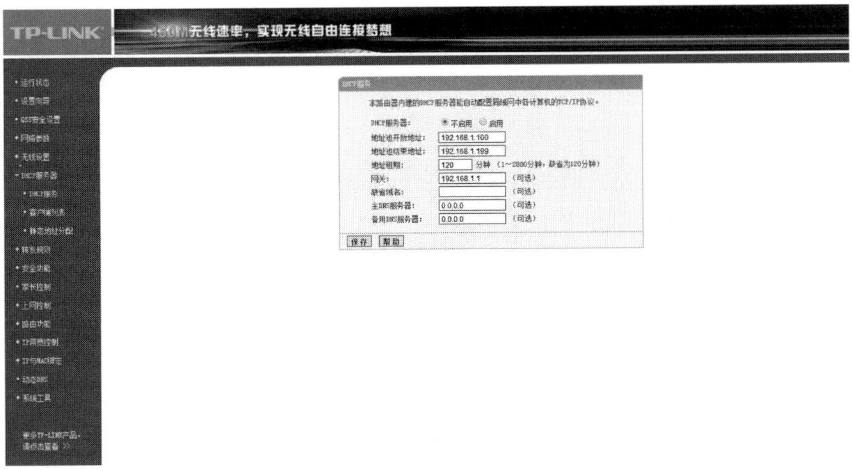

图 4-35　无线网桥搭建完成

4.5　电力猫调试

电力猫可通过现有电线网络传输，无需破坏现有装修，也不需要任何布线，在同一个电表范围内，只需把它插入就近的电源插座，就可轻松接入网络，因此它具有良好的可移动性和扩展性。

根据用户信息点的需求数量，配备相应数量的电力猫。利用电力猫设备，在光猫或路由器旁放置一个电力猫，其余电力猫分布在各个所需信息点，以此将网络信号通过用户家内电力线进行有效传输。需要注意的是，应将每个电力猫的名称改成一致，防止识别冲突问题现象的发生。电力猫连接示意图如图 4-36 所示。

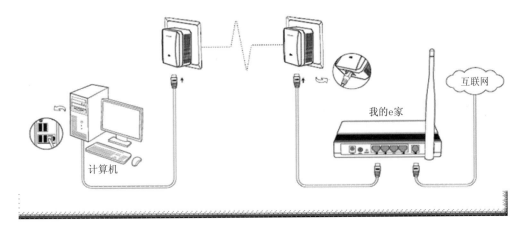

图 4-36　电力猫连接示意图

4.5.1 电力猫的配对

电力猫在安装使用前，需要先将电力猫与扩展器进行配对，之后才可以进行设置。

目前，常见的配对方式有两种：

(1) 使用电力猫的配对按钮进行配对。市场上，大部分电力猫是通过配对按钮进行配对的。

首先将电力猫同时插入电源插排，在 2 分钟内分别按下电力猫配对键，大约 30 秒后，电力猫和扩展器指示灯均变为了常亮，至此说明电力猫和扩展器配对成功，如图 4-37 所示。

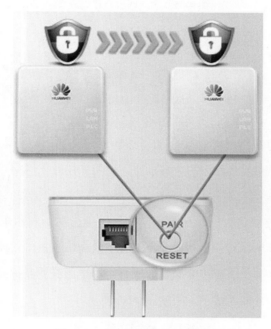

图 4-37　电力猫与扩展器的配对

有线电力猫配对成功后，就可以直接使用了。无线电力猫配对成功后，需要进行无线参数的设置。

(2) 使用网线直连 LAN 口进行电力猫的配对。市场上，部分电力猫是通过网线直连 LAN 口进行配对的，以下以海亿康电力猫为例介绍配对方法。

首先将电力猫同时插入电源插排，等待 30 秒设备完全启动。用一根网线将母猫(又称电力母猫或主电力猫)的 LAN 口与子猫(扩展器)的 LAN 口进行连接。这时，看到子猫(扩展器)的电源灯开始闪烁，表示进入了配对状态，最终看到子猫的 PLC 灯常亮，表示配对成功了，整个过程约 30 秒，如图 4-38 所示。

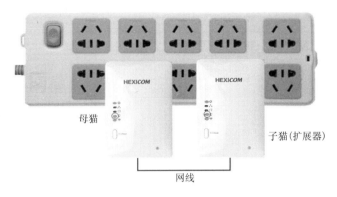

图 4-38　电力母猫与子猫(扩展器)的配对

电力猫的设置具体如下：

(1) 在浏览器输入 192.168.101.1，输入用户名：useradmin，密码：admin 登录到配置页面。

(2) 设置网络连接：在"高级设置—网络设置—WAN 设置"中，选择对应的连接方式，电力猫支持静态 IP 地址、动态 DHCP 获取 IP 地址、PPPOE 拨号等上网连接方式，如图 4-39 所示。

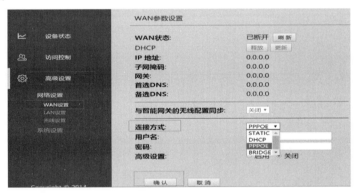

图 4-39　设置网络连接

(3) LAN 口设置：可以设置设备登录 IP 地址及用户上网自动获取 IP 地址的范围。一般默认配置即可，如图 4-40 所示。

图 4-40　LAN 口设置

(4) 无线设置：可以设置无线用户名、上网密码，子猫(扩展器)将自动同步主电力猫的无线参数等信息，配置完成，如图 4-41 所示。

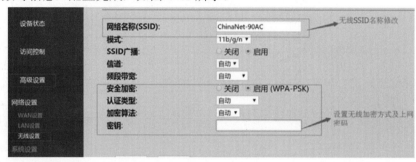

图 4-41　无线设置

(5) 其他功能。

IPTV 设置：海亿康电力猫通过设置可以同时满足 IPTV+上网(Wi-Fi)双业务。在"高级设置—网络设置 IPTV 设置"里，IPTV 接入方式里有"默认"和"专用"两个选择，如图 4-42 所示。

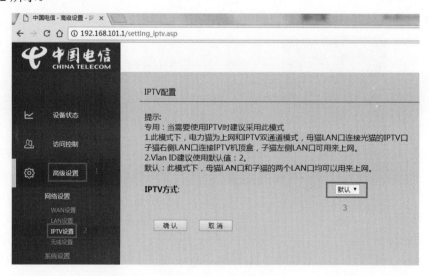

图 4-42　IPTV 设置

① 默认：如果只用来上网，采用此模式，电力猫 LAN 口不做隔离，母猫 LAN 口和子猫的两个 LAN 口均可以用来上网。

② 专用：如果要同时上网和看 IPTV，采用此模式，将母猫 LAN 口和子猫右侧 LAN 口隔离开，专门用来播放 IPTV。

母猫 WAN 口连接光猫的 LAN1 口或者路由器的 LAN 口，用于上网；母猫 LAN 口连接光猫的 IPTV 口，子猫(扩展器)右侧 LAN 口连接 IPTV 机顶盒。子猫(扩展器)左侧 LAN

口可用来上网，从母猫 LAN 口和子猫(扩展器)右侧 LAN 口将无法访问电力猫，可以从 Wi-Fi 或者子猫(扩展器)左侧 LAN 口来访问电力猫配置管理页面，如图 4-43 所示。

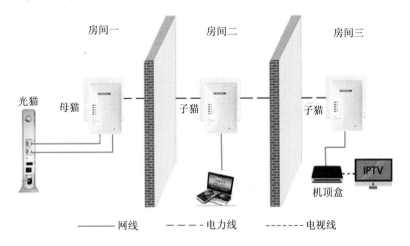

图 4-43　电力猫同时传输宽带和 IPTV 场景

4.5.2　无线电力猫的无线配置

无线电力猫的设置也和普通无线路由器差不多。配对成功后的电力猫，修改了主电力猫的无线信息后，扩展器将自动同步无线参数信息。

下面同样以 TP-LINK 电力猫设置教程为例。

(1) 步骤一：完成电力猫配对以及安装连接之后，接下来就可以打开电脑，然后打开浏览器，并输入 192.168.1.1，完成后按回车键打开。打开之后，会看到和路由器一样的设置界面，初次首选需要创建电力猫登录管理员密码选项，如图 4-44 所示。

图 4-44　电力猫登录界面

(2) 步骤二：使用设置向导，根据自己网络情况，选择 PPPoE 还是动态 IP 选项，如图 4-45 所示。

图 4-45　选择上网方式

（3）步骤三：设置无线信息，如图 4-46 所示。

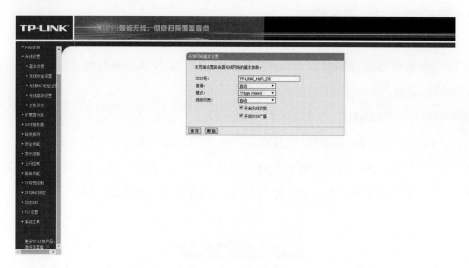

图 4-46　设置无线信息

（4）步骤四：设置完成后，点击"完成"。扩展器将自动同步主电力猫的无线参数等信息，完成配置，如图 4-47 所示。

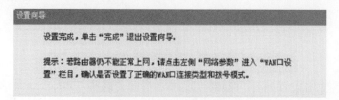

图 4-47　配置完成

　　无线电力猫 Web 界面将多出"扩展器列表"和"PLC 设置"两个选项,如图 4-48 所示。通过扩展器列表,用户可以查看连接到 HyFi 智能无线路由器的所有扩展器的基本信息,包括名称、MAC 地址和 IP 地址等。通过 PLC 设置,用户可进行 PLC 私有网络设置,包括设置本地 PLC 设备的网络名称、所有主机的网络名称等。此外,用户还可以进行 PLC 站点设置,从而实现编辑、添加或删除主机。

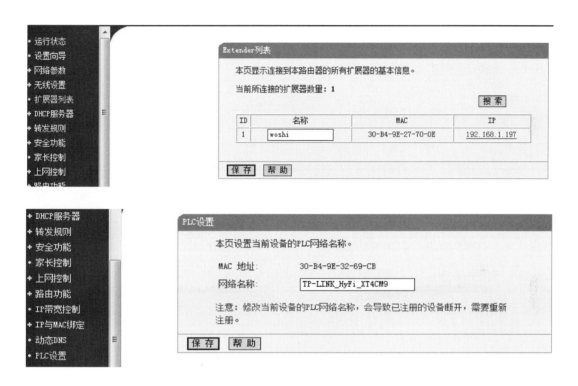

图 4-48　无线电力猫 Web 界面

　　电力猫在安装过程中需要注意以下几个问题:

　　(1) 电力线适配器传输距离是 200～300 m。

　　(2) 智能插板、充电器等大功率电器对电力猫影响较大。电力猫应尽量插在墙插上,并且尽量避免近距离使用充电器、电源适配器等设备。

　　(3) 电力线适配器不可单独使用,至少需要 2 个电力线适配器,按需要可以接 3 个或多个。

　　(4) 家庭空气开关不影响电力线适配器的使用,故可以跨越大多数空气开关或漏电保护开关。

　　(5) TP-LINK 不同型号的电力线适配器之间不可以相互通信。因为两个电力线适配器型号不同,采用的标准协议也不同,所以是不可以互通的。

4.6 EOC/WOC 等组网连接

EOC 和 WOC 都是通过同轴线缆传输数据的。该设备无需配置，只要连接正常，该设备就可以使用。

4.6.1 同轴电缆接头的制作方法

同轴电缆接头的制作方法如下：

步骤一：把视频线外面的屏蔽金属网和中间的铜芯按图 4-49 切好。

步骤二：注意，检查并确保中间的铜芯不要和外面的屏蔽金属网接触构成短路。

步骤三：拧上套筒前，检查螺丝是否牢固。

步骤四：拧上套筒，按同样的方法接好另外一端，就可以使用。

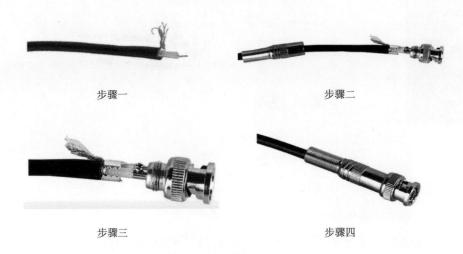

步骤一   步骤二

步骤三   步骤四

图 4-49 同轴电缆接头制作方法

4.6.2 EOC 的连接图

利用 EOC 无源适配器产品，实现网线(CAT5)与电视线(CATV、监控)的接口转换，即将电视线当作网线使用，方便家庭利用旧的同轴电缆开通电信业务。EOC 连接图如图 4-50 所示。

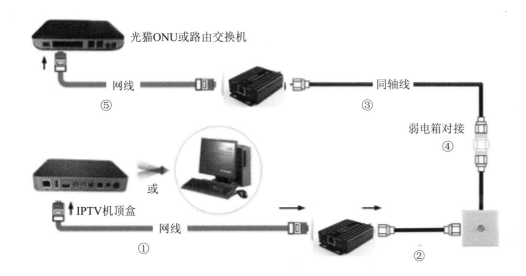

图 4-50　EOC 连接图

设备不仅可以一对一，也可以使用分支器进行一对多，可以开通两路以上的 IPTV 或者网络，如图 4-51 所示。

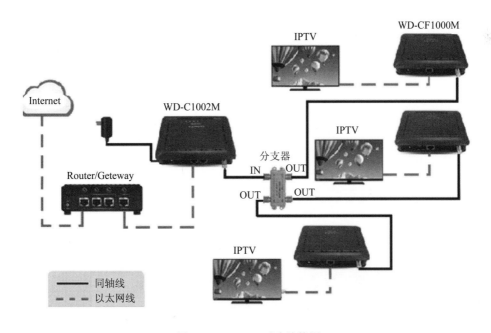

图 4-51　EOC 一对多连接图

实际场景运用中，同轴电缆必须符合相关标准，家用 CATV 线可达 100 m，视频监控线长 50 m，电缆质量影响传输距离、传输速度，如图 4-52 所示。

图 4-52　电缆连接图

4.6.3　WOC 的连接图

通过现有的 CATV 有线电视系统，实现房间内的优质 WLAN 信号覆盖，提供可靠的、真正可以使用的高速无线网络，如图 4-53 所示。

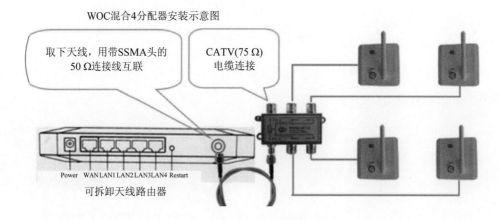

图 4-53　WOC 连接图

利用 WOC 无线组网技术，在家中原有路由器天线接口上连接一根专用跳线，利用墙内同轴电缆延伸无线路由器的信号，在所用房间内安装 AP 面板，发射无线信号。WOC 设备分解连接图如图 4-54 所示。

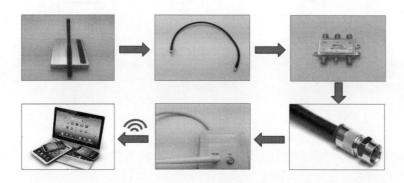

图 4-54　WOC 设备分解连接图

WOC 无线组网适用于只有同轴电缆，无五类线的场所，组网拓扑图如图 4-55 所示。

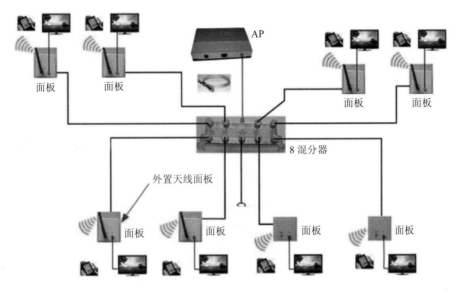

图 4-55　WOC 设备组网拓扑图

4.7　路由器+POE 功能的 AP

4.7.1　适用场景

适用场景：采用胖 AP(FAT AP)模式，适合小面积无线覆盖，AP 可单独使用，无需无线控制器(AC)即可独立工作，无线组网的成本低。

4.7.2　技术规范

技术规范：采用"路由器+无线 AP"的组网模式，路由器放置在场景内综合布线的汇聚点处，选用带有 POE 功能的无线 AP，将其分布在用户需要无线的每个房间的吊顶或天花板上方，并将 AP 的 SSID 与密码设置成与主路由器一致，所有用户终端将根据信号的强弱自动切换连接设备。

4.7.3　网络拓扑图

网络拓扑如图 4-56 所示。

图 4-56　网络拓扑图

4.7.4　AP 的设置

AP 的设置步骤如下：

(1) 将 AP 设置成 FAT 模式，并使用网线正确连接 PC 和 AP，如图 4-57 所示。

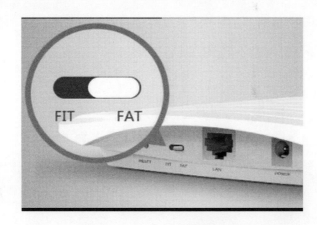

图 4-57　将 AP 设置成 FAT 模式

(2) 设置 PC 本地连接的 IP 地址为 192.168.1.X，X 为 2～252 中的任意整数，子网掩码为 255.255.255.0，如图 4-58 所示。

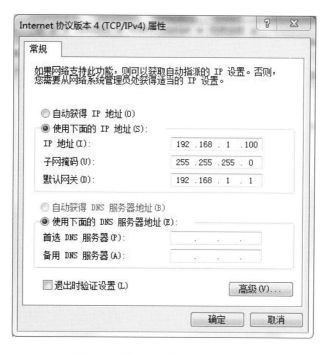

图 4-58　设置 PC 本地连接 IP 地址

(3) 无线 AP 出厂默认管理地址为 http：//192.168.1.254，如图 4-59 所示。

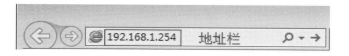

图 4-59　默认管理地址

(4) 首次登录需要设置用户名和密码，密码长度不得少于 6 位，如图 4-60 所示。

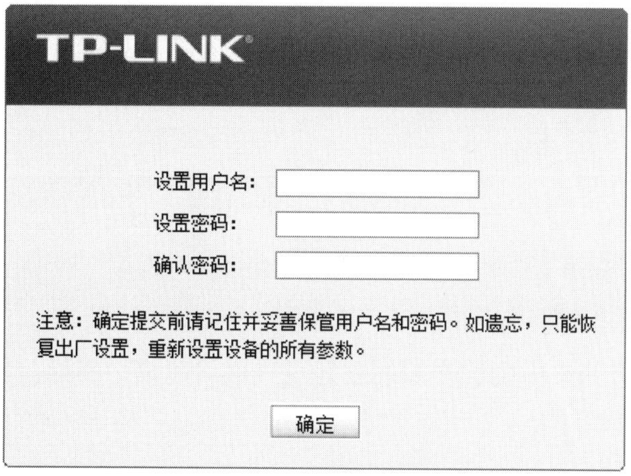

TP-LINK

设置用户名：

设置密码：

确认密码：

注意：确定提交前请记住并妥善保管用户名和密码。如遗忘，只能恢复出厂设置，重新设置设备的所有参数。

确定

图 4-60　设置用户名和密码

(5) 登录 Web 管理后台后，会出现无线服务设置。如果无线服务中已经有无线信号，您可以点击设置图标修改无线设置(建议删除无用信号，加密有用信号)，如图 4-61 所示。

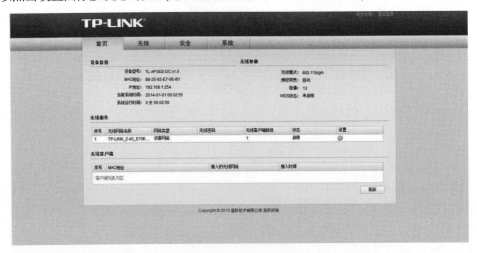

图 4-61　修改无线设置

(6) 打开齿轮形状图标，进行如图 4-62 所示的无线服务设置。

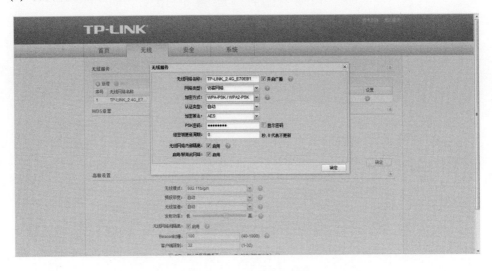

图 4-62　无线服务设置

① 网络类型。网络类型分以下两种：

员工网络：普通无线网络。

访客网络：访客网络中的客户端与其他无线网络隔离，不能与其他无线网络的客户端通信。

② 无线网络内部隔离：启用此项，使连接到同一个无线网络的客户端实现隔离，客户端之间不能互相通信。

③ 启用/禁用此网络：选择"启用"，则使该无线网络可用；选择"禁用"，则使该无线网络不可用。

(7) 设置完成后，界面会提示"您有未保存的配置，是否现在保存？"，请务必点击右侧的"保存配置"按钮保存配置，如图4-63所示。

您有未保存的配置，是否现在保存？	保存配置

图4-63 保存配置

4.8 路由器+AC+AP 无线覆盖

4.8.1 适用场景

适用场景：采用瘦 AP(FIT AP)模式，适合大面积无线覆盖，可通过无线控制器(AC)统一管理所有 AP，AP 可实现零配置、即插即用，从而降低了无线管理难度。

4.8.2 技术规范

技术规范：采用"路由器+AC+无线 AP"的组网模式，路由器放置在场景内综合布线的汇聚点处，选用带有 POE 功能的无线 AP，将其分布在用户需要无线的每个房间的吊顶或天花板上方，可通过 AC(接入控制器)统一控制、统一下发配置信息，以及维护管理。此模式主要用在 AP 数量众多，由 AC 统一管控的网络环境中。

4.8.3 无线覆盖网络拓扑图

采用"路由器+AC+无线 AP"的组网模式下，典型设备配置如图4-64所示。

设备类型	配置
无线路由器	1台
POE交换机	远端供电配置
无线控制器	瘦AP模式需配置1台
面板式AP	可每房间1个
室外AP	按需

图4-64 典型设备配置

在用户较多的场景下，AP 连接 POE 供电交换机，各 POE 供电交换机上联核心交换机，在核心交换机侧配置 AC 控制器来控制瘦 AP，最后通过网关访问 Internet 网络，具体网络拓扑如图 4-65 所示。

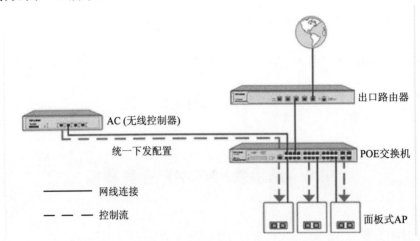

图 4-65　AP 连接 POE 供电交换机的具体网络拓扑图

4.8.4　AP+AC 的设置

AP+AC 的设置步骤如下：

(1) AP 设置成 FIT 模式，并使用网线正确连接 POE 交换机、AC 控制器和 AP，如图 4-66 所示。

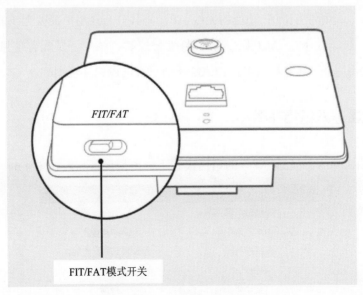

图 4-66　AP 设置成 FIT 模式

(2) 将 PC 使用网线正确连接到无线控制器的任意一个 LAN 口，并设置 PC 本地连接的 IP 地址为 192.168.1.X，X 为 2～252 中任意整数，子网掩码为 255.255.255.0，如图 4-67 所示。

图 4-67　AP 设置本地连接的 IP 地址

(3) 无线 AP 出厂默认管理地址为 http://192.168.1.253，如图 4-68 所示。

(4) 首次登录需要自定义用户名和密码，密码长度不得少于 6 位，如图 4-69 所示。

图 4-68　输入默认管理地址　　　　　图 4-69　首次登录自定义用户名和密码

(5) 登录后，只要 AP 上电，就会显示接入无线控制器的 AP 信息，分别列出在线、离线、异常三种状态的 AP 数量，同时显示接入的客户端总数等信息，如图 4-70 所示。

图 4-70　无线控制器的 AP 信息

(6) 配置无线服务，在“无线设置”中选择“无线服务”，可以在此进行无线网络的基本设置，组建无线局域网，并可以为无线网络加密，保障其安全性，如图 4-71 所示。

无线服务

2.4GHz 无线服务

序号	无线网络名称	网络类型	加密方式	密码	状态	客户端数目	设置
1	liuyabin	员工网络	WPA-PSK/WPA2-PSK	12345678	已启用	0	
2	Guest_2.4GHz	访客网络	不加密	---	已启用	0	
3	Office2_2.4GHz	员工网络	不加密	---	已禁用	0	
4	Office3_2.4GHz	员工网络	不加密	---	已禁用	0	
5	Office4_2.4GHz	员工网络	不加密	---	已禁用	0	
6	Office5_2.4GHz	员工网络	不加密	---	已禁用	0	
7	Office6_2.4GHz	员工网络	不加密	---	已禁用	0	
8	Office7_2.4GHz	员工网络	不加密	---	已禁用	0	

5GHz 无线服务

序号	无线网络名称	网络类型	加密方式	密码	状态	客户端数目	设置
1	Office1_5GHz	员工网络	WPA-PSK/WPA2-PSK	12345678	已启用	0	
2	Guest_5GHz	访客网络	不加密	---	已启用	0	
3	Office2_5GHz	员工网络	不加密	---	已禁用	0	

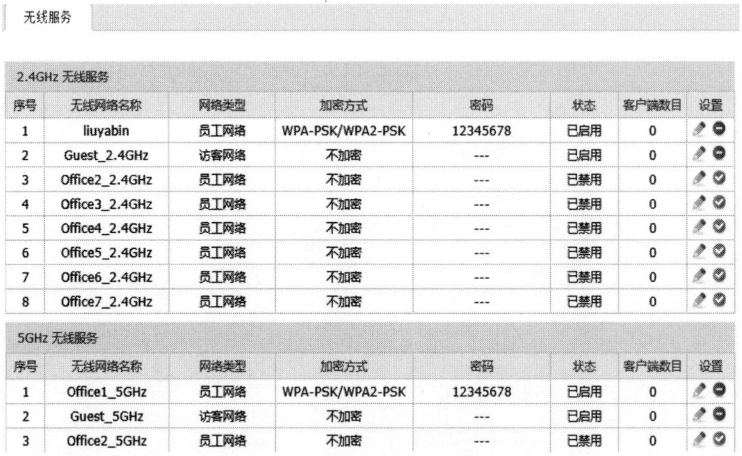

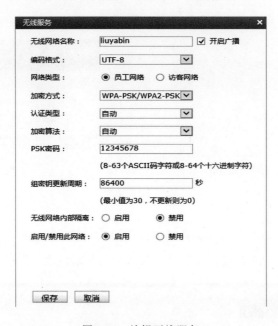

图 4-71　配置无线服务

(7) 设置无线参数，单击<✎>图标，显示无线服务编辑窗口，进行无线网络名称、网络类型、加密方式和 PSK 密码等信息设置，如图 4-72 所示。

图 4-72　编辑无线服务

① 网络类型。网络类型分以下两种：

员工网络：普通无线网络。

访客网络：访客网络中的客户端与其他无线网络隔离，不能与其他无线网络的客户端通信。

② 无线网络内部隔离：启用此项，使连接到同一个无线网络的客户端实现隔离，客户端之间不能互相通信。

③ 启用/禁用此网络：选择"启用"，则使该无线网络可用；选择"禁用"，则使该无线网络不可用。

(8) AP 的管理。在"AP 管理"中选择"AP 数据库"对接入的所有 AP 进行集中管理，可以查看 AP 的型号、连接信息、无线信道等信息，设置 AP 自动重启时间，控制 AP 重启、AP 的 LED 指示灯等，如图 4-73 所示。

图 4-73 AP 集中管理

(9) AP 的设置。单击< >图标，进入 AP 设置页面，可以对 AP 进行分别设置，如图 4-74 所示。

图 4-74 AP 的设置

① 备注：可以通过设置备注内容区分不同 AP。

② 信道：建议选择自动。这样，AP 会根据环境自动调整信道，防止同频干扰。

③ 发射功率：如果 AP 设备是密集安装，则需要选择合适的发射功率，让无线设备连接到最优的 AP。

④ WMM：选择"启用"WMM 后，AP 具有无线服务质量功能，可以对音频、视频数据优先处理，并保证音频、视频数据的优先传输。推荐启用此项。

⑤ 客户端限制：设置能够接入到 AP 的客户端的最大数目。

⑥ 弱信号限制：限制低于设置值的设备连接 AP，保证连接设备能连接网络质量好的 AP。

⑦ 弱信号踢出：当信号低于设置值的强度时，设备将踢出与 AP 的连接，让设备寻找更好的 AP 信号设备。

(10) 查看连接到 AP 的客户端。在主菜单里有个"客户端列表"可以在此界面查看接入网络的客户端的信息，如图 4-75 所示。

	序号	MAC地址	AP备注	射频单元	SSID	VLAN	接入时间	信号强度	断开
☐	1	18:21:95:8F:A6:9B	卧室	2.4GHz	liuyabin	0	2012-07-03 01:25:24	-32dBm	✦
☐	2	2C:6E:85:C0:66:5B	卧室	2.4GHz	liuyabin	0	2012-07-03 01:32:59	-37dBm	✦

共2条，每页：10 条｜当前：1/1页，1~2条｜首页 上一页 1 下一页 尾页 1 跳转

图 4-75 客户端列表

在图 4-75 中，可以看到连接设备的 MAC 地址、AP 备注、射频单元、SSID、接入时间、信号强度等，并且可以强制将设备下线。

(11) AP 信息变更后，应选择"保存并同步配置"，将数据下发到 AP 里，使 AP 参数生效。

4.9 智能组网测评客户端进行 Wi-Fi 检测

Wi-Fi 检测仪软件版可以满足一般用户的测评需求。

4.9.1 智能组网测评客户端的测评流程

利用智能组网测评客户端进行智能组网测评，测评流程如图 4-76 所示。

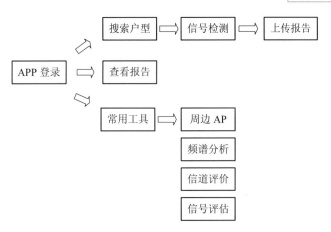

图 4-76　智能组网测评客户端的测评流程

1) APP登录

打开客户端 APP，首先需要输入工号(天翼手机号)和密码，然后选择登录，登录成功后可以进入 APP 主界面，如图 4-77 所示。主界面包括用户网络信息、实时场强强度图和作为信号检测入口的户型搜索框。

图 4-77　APP 主界面

2) 信号检测

(1) 搜索户型。在下拉菜单中选择省份和城市，GPS 定位会显示附近小区，或直接在搜索框中手动输入小区名称，搜索到的户型将以列表形式呈现，如图 4-78 所示。

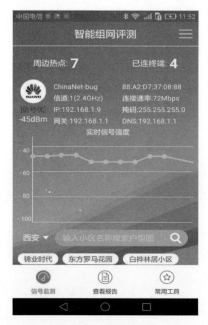

图 4-78　搜索户型

　　若没有搜索到相应户型图，可选择通过"导入图片"或"快速检测"方式开始检测。"导入图片"方式可选择拍照或从相册中导入户型图，"快速检测"中预先设置了多个常用场地，包括客厅、厨房、卫生间等，如图 4-79 所示。

图 4-79　导入图片或快速检测

　　(2) 信号检测。选择户型后，在户型图上任意位置处点击即可打开检测面板，点击"开始"按钮对当前检测点开始信号检测。检测项目包括同频分析、网络监测、邻频分析、Wi-Fi 信息和周边干扰，左上角百分比表示当前检测进度，如图 4-80 所示。

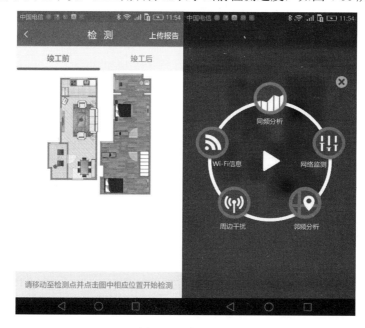

图 4-80　信号检测

　　检测完毕后，点击"Wi-Fi 信息"区域，可查看各检测点的详细检测报告。报告内容包括检测点的信号强度、下载速率、干扰的数据信息，以及相对应的等级评价，如图 4-81 所示。

图 4-81　查看检测报告

　　(3) 上传报告。对"竣工前"和"竣工后"各检测点检测完毕后，可选择上传报告。

若未上传报告退出，系统将保存未提交报告，可在"查看报告"页面中查看，如图4-82所示。

上传报告时，需要填写客户信息、组网业务内容、验收结果，以及装维人员和客户签名，如图4-83所示。

图 4-82　上传报告

图 4-83　上传报告需填写内容

3) 查看报告

检测完成后，可进入"查看报告"页面，查看检测报告详情和未提交报告，对未提交报告可进行继续检测，如图4-84所示。

图 4-84　查看报告

4) 常用工具

(1) 周边 AP：显示周边热点的信号强度和信道，如图 4-85 所示。

(2) 频谱分析：以波形图方式显示信号强度和信道动态信息，如图 4-86 所示。

图 4-85 周边 AP

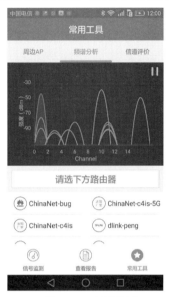

图 4-86 频谱分析

(3) 信道评价：显示各信道同频 AP、邻频 AP 个数，如图 4-87 所示。

5) 个人中心

从主界面右上角图标进入"个人中心"，查看工号信息、版本信息，进行意见反馈和分享，如图 4-88 所示。

图 4-87 信道评价

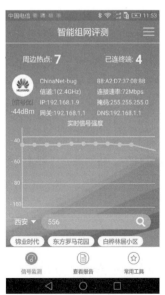

图 4-88 个人中心

4.9.2　智能组网测评的相关名词解释

• 场强：单位空间内所能接收到的信号强度。这里指 Wi-Fi 信号的强度，标准是以−20 开始，单位为 dBm，越接近 0，信号越好。

• 信噪比：一个电子设备或者电子系统中信号与噪声的比例。一般来说，信噪比越大，说明混在信号里的噪声越小；信噪比越大，干扰越小。常规只要大于 20 dB 就没有问题。

• 同邻频：在 Wi-Fi 信号工作的频宽范围内相互靠近的频段就是同邻频。同邻频越少越好。

• 下载速率：测试当前连接无线信号的终端所处位置的下载文件的速度，以此来说明此位置信号质量是否能达到无线带宽速率要求。

• 干扰分析：对当期测试空间的无线信号进行邻频干扰分析，确定最优调整结果。

• 网络数据包：主动向测试结点发送额定数量的程序包文件，以便测试在单位时间内发送数据包的稳定性，以确保无线数据传输正常。

• 网站连接：测试当前连接无线信号访问测试网址的响应时间。

4.10　智慧家庭组网经典案例解析

4.10.1　智慧家庭组网业务类型

智慧家庭组网业务类型可分为三类：

(1) 美化用户家庭网络布线问题。很多用户以前装修，没有网络布线的概念，导致后期使用网络后家庭线路凌乱，智慧家庭组网可完美地解决该类问题。

(2) 解决家庭无线网络覆盖和质量问题。很多用户只装一个路由器，覆盖范围有限，无线网络信号质量的好坏用户无法判定，这也是大多数用户存在的问题，智慧家庭组网将着手解决这些问题。

(3) 智能产品的安装。有些用户购买智能产品后，不会使用安装，需要装维人员进行服务安装，这是智慧家庭组网即将面向用户的一种服务。

4.10.2　案例解析

根据以上三种业务类型和现场实际开通情况，本小节共总结出了三个具有代表性的典型案例进行讨论分析，并结合智慧家庭组网知识进行方案设计和解决。

案例一： 美化用户家庭网络布线问题。

案例描述： 2017 年 8 月，我公司开展智慧家庭组网员工体验活动，员工可根据自己家庭网络需求进行优化体验。其中，单位员工郝某办理了该项业务。郝某家的户型结构为三室两厅，室内实用面积为 140 m²，多媒体箱在客厅沙发后方北墙上。在装修时，由于没有在墙内预埋网线，而是从多媒体箱内引出两根网线，绕沙发一圈到电视机柜，一根网线供路由器使用，一根网线供电视 IPTV 机顶盒使用，导致房子内线路凌乱。现希望对室内线路进行美化，需要对主卧、次卧实现无线上网，信号质量要求稳定，还需要在书房进行有线上网，如图 4-89 所示。

图 4-89　案例一问题图示

案例分析： 很多用户在以前装修时，没有网络布线的理念。这类问题在旧小区中比较常见，而且存量也很大，用户需求受到硬件条件的约束。我们首先对郝某家室内 Wi-Fi 信号进行检测，用 Wi-Fi 分析仪检测到画圈域内为 Wi-Fi 信号所能覆盖到的地方，其中主卧到路由器间有两个墙体阻隔，所以在主卧和书房是无法获取 Wi-Fi 信号的，书房没有网线也无法进行有线上网。在这种原有的结构上，不破坏装修结构来实现所有的网络需求，我们优先考虑用智慧家庭组网的产品电力猫。电力猫的最大优势功能就是利用电力线传输网络信号，也可以传输 IPTV 网络信号，同时还可以实现有线网的连接，满足一切需求。

解决方案：通过分析，我们选取电力猫来解决郝某家里的网络覆盖问题，一共需要 4 个电力猫来解决该问题(其中 1 个为母猫，3 个为子猫)，如图 4-90 所示。因为 Wi-Fi 信号的覆盖范围是以发射信号的设备为核心的椭圆形结构，所以 3 个需要发射 Wi-Fi 信号的电力猫需合理设置安放位置，分别将它们安置在图 4-90 的 1、3、4 位置的墙插上，2 号墙插上放一个电力猫解决 IPTV 网络信号的传输。通过以上措施既满足了书房有线上网的需求，又满足了整个房间 Wi-Fi 信号的覆盖，还不破坏用户原有的装修结构，去除了家里以前的明线，美化了线路结构，实现了 IPTV 的正常使用。通过以上方案，完美地解决了郝某家里网络覆盖的所有需求，这也是智慧家庭组网中最常见、最经典的一个案例，也完美地诠释了智慧家庭组网的科技水平。

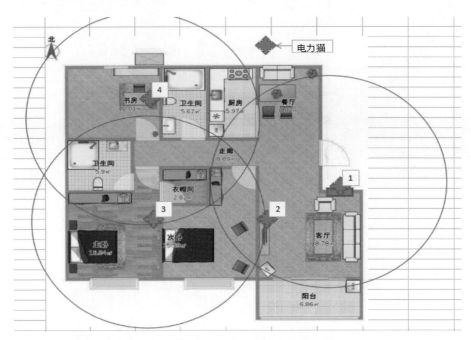

图 4-90 案例一的解决方案

案例二：解决家庭无线网络覆盖和质量问题。

案例描述：毕塬路文林小区一用户为常见的两室一厅结构，室内实用面积 80 m²，家中 Wi-Fi 信号质量很好。因工作性质的原因，用户长期在外地上班，家里只有老人和年幼的小孩。老人和小孩都不会使用家中的家电，用户希望能远程操控这些家电，而且随时随地都能监管到家里的情况，如图 4-91 所示。

图 4-91　案例二问题图示

案例分析：因为用户家里 Wi-Fi 信号覆盖很好，所以我们可以考虑给用户家中添加一些智能外设，以达到远程操控和监管的作用。我们可以给用户推荐智能摄像头、环境检测仪、万能遥控器、智能插座、智能门碰。添加这些东西后，用户手机只要能上网，在任何地方都可以实现对这些智能产品的管控。智能摄像头能让用户看到家里的所有情况，还可以通过摄像头与家人进行通话；环境检测仪能检测到家里的温度、湿度、光线明暗变化，可以提醒家人注意冷暖；万能遥控器可以管控家中的部分家电，比如电视、空调等；智能插座的安装可远程关闭插在智能插座上的用电设备；智能门碰可让用户收到提示后，及时观察家中出入的人员。

解决方案：通过房间的布局图，可以在客厅、主卧、次卧分别安装智能摄像头、环境检测仪和智能插座，可远程监管家里的情况，对室内的用电设备进行开关管理，感知室内环境的变化。在客厅安装万能遥控器，用户可远程协助家人调控电视和空调等电器。在门框和窗子上安装智能门碰，可以防止外人的进入，保证家人的安全。

案例三：智能产品的安装。

案例描述：三原县一用户有一小型的茶秀，分为上下两层，结构比较复杂，墙体较多，面积较大，室内实用面积为 1700 m^2，如图 4-92 所示。用户有标准的操作间，原装修时每个包间都有预埋的网线，用户想要让每个包间都有稳定的 Wi-Fi 信号，还可以进行有线上网，并且要求美观，设备不易被顾客携带走，还要便于管理和维护。

图 4-92　案例三问题图示

　　案例分析：茶秀内包间较多，墙体阻隔严重，单一的 Wi-Fi 信号源无法解决茶秀信号覆盖的问题，并且每个茶秀间还需要有线上网。智慧家庭组网中的 AP 面板最适合解决这类问题，AP 面板的安装只需要将每个包间原有的网口面板更换为 AP 面板即可，既不影响室内的美观，也不易被客人携带，还能保证每个包间的 Wi-Fi 信号质量和有线上网，并且 AP 面板的最大一个优势就是便于集中管理，所以在这个案例中我们选择 AP 面板。

　　解决方案：因为用户有标准的操作间，所以有足够的空间安置交换机，操作间也是每个房间网线的汇集点，在这里我们选取能反向供电的 POE 交换机，负责给每个茶秀间提供网络信号的同时，还可以通过网线给每个包间的 AP 面板进行供电。我们再选取一个 AC 控制器连接在 POE 交换机上，再用电脑和 AC 控制器连接，这样一来就可以实现电脑对每个包间的 AP 面板的集中管理和维护。通过这个解决方案我们能满足用户的所有需求，而且依然不需要破坏任何原有的结构，架构简单，操作便捷。这也是我们常见的智慧家庭组网的一个经典案例。

4.11　智能家居系统

4.11.1　系统组成及功能

　　智能家居在传统的居住功能的基础上，同时提供信息交互功能，使得人们能够在外部查看家居信息和控制家居的相关设备，便于人们有效地安排时间，使得家居生活更加安全、舒适。该系统包含互联网、智能家电、控制器、家居网络及网关。而智能家居的网络与网关是智能家电设备间、互联网与用户之间能够实现信息交互的关键环节，是开发和设计阶段的重要内容和难点。

智能家居的最终目标是让家居环境更舒适、更安全、更环保、更便捷。物联网的出现使得现在的智能家居系统功能更加丰富、更加多样化和个性化。其系统功能主要集中在智能照明控制、智能家电控制、视频聊天及智能安防等。每个家庭可根据需求进行功能的设计、扩展或裁减。

4.11.2 产品分类

本小节主要介绍几类常用的智能家居系统及其相应产品。

1) 智能家居家电系统

智能家居家电系统通过智能家居控制中心，可以让家里的空调、电视，甚至电灯都智能起来并根据自己的生活习惯定制智能场景。小设备玩转家庭大智慧，通过智能家居小设备 DIY 打造智能家居生活。

下面介绍几款具体实现的产品。

(1) 智能插座。智能插座，通常是指内置 Wi-Fi 模块，通过智能组网后使用天翼网关的 APP 来进行功能操作的插座，其最基本的功能是通过手机客户端可以遥控插座通断电流，设定插座的定时开关。智能插座现在强调家居的智能化，智能插座通常与家电设备配合使用，以实现定时开关、查询能耗统计等功能，通常还有一些增强功能，比如电量统计、Wi-Fi 增强、温湿度感应等功能。智能插座属于智能家电的一个细分类别，智能插座产品如图 4-93 所示。

图 4-93 智能插座产品

(2) 智能遥控。智能遥控内置主流电视/空调码库，具有强大的自学习功能，可实现定时遥控、远程控制。它(见图 4-94)具备以下特点：

- 通过智能家居家电系统人在外也可以通过手机提前启动空调，回家即可享受清凉，也可以在外检查家里的空调、电视等家电是否关闭，若没有关闭，则可以远程关闭，起到节约能源的作用。

- 兼容性好，智能遥控产品兼容市面上绝大多数品牌的遥控。

- 支持多种设备，可实现对其他红外电器的控制。

- 全向红外射频遥控，全向发射技术使得安装更加简单，无需调整方向即可轻松控制。

- 一键自学，只需遥控器对准智能遥控器，即可自动配置。

- 定时开启，全新预设场景选择，具有定时发送指令功能，电器可以自动开启。

图 4-94　智能遥控产品

(3) 环境监测仪。环境监测仪(见图 4-95)在智能家居系统中，可以自动感知温度、湿度、VOC 有害气体、噪音、光照等家中环境指标。用户可以通过天翼网关 APP 随时查看当前指标。当指标不良时，可通过智能遥控自动启动空气净化器，实现自主模式，随时随地保证家中空气质量优异。

(4) 智能灯泡。智能灯泡(见图 4-96)是由智能家居行业诞生的新的灯泡产品形式。21 世纪的居室灯具设计将会是以 LED 照明灯泡设计为主流，同时充分体现节能化、健康化、艺术化和人性化的照明发展趋势；采用嵌入式物联网核心技术，将互通核心模块嵌入到节能灯泡，将互动服务的软件机制导入居室，依托智能家居平台支撑，构成居室照明和电力部署的可联动、有社交、有智慧的智能灯泡系统，并具有多种灯光色供用户选择，在照亮个人居室的同时，也改变个人的生活。智能灯泡是节能灯泡发展史上的一次新变革。

图 4-95　环境检测仪　　　　　　图 4-96　智能灯泡

2) 智能家居安防系统

智能安防技术的主要内涵是其相关内容和服务的信息化、图像的传输与存储、数据的存储与处理等。就智能安防来说,一个完整的智能家居安防系统主要包括门禁、报警和监控三大部分。智能安防与传统安防的最大区别在于智能化。我国安防产业发展很快,也比较普及,但是传统安防对人的依赖性比较强,非常耗费人力,而智能安防能够通过机器实现智能判断,从而尽可能实现人想做的事。

智能视频分析技术在安防系统中的作用相当于一个报警传感器,与红外、电磁感应、烟感等探测器类似,为安防系统提供异常事件的报警信息。不过,这是一个具有分析思考能力的报警探测器,它充分利用了智能组网系统的运算能力和智能分析算法过滤掉大量引起误报的信息,提升准确率,通过行为分析使得报警事件的触发条件更加多样化、更加人性化、更加智能化,使得能够对更多的事件进行实时监测和报警。利用智能家居各产品综合分析技术提供的报警信息的安防系统就称为智能家居安防系统。

下面介绍几款智能组网中匹配 e-Link 协议的智能家居安防产品。

(1) 无线传感器。无线传感器网络是一种分布式传感网络,它的末梢是可以感知和检查外部世界的传感器。传感器通过无线方式通信,因此网络设置灵活,设备位置可以随时更改,还可以跟互联网进行有线或无线方式的连接,通过无线通信方式形成的一个组织网络。

将传感装置装在门窗上,当门窗未关紧或有人靠近门窗时,传感器会检测到并发出指令,通过智能组网系统传递给报警器及用户,告知用户门窗未关闭,以便用户采取相应措施。米家门窗传感器如图 4-97 所示。

(2) 报警器。若遭遇坏人入室,传感器可即时发出指令给报警器,报警器发送报警信号,发出报警声阻吓盗贼,同时还会自动循环拨打多组报警电话,通知保安人员或户主及时应对,也可用于家中老人、小孩意外事故和急病呼救报警。报警器如图 4-98 所示。

图 4-97　米家门窗传感器　　　　　图 4-98　报警器

(3) 有毒及可燃气体检测仪。当有毒及可燃气体检测仪检测到煤气、液化气等有害气体，或有火灾发生时，传感器会第一时间检测到烟雾信号，智能控制器内的微电脑将会自动发出相应的指令，同时发出警声并将警情传递给用户手机和保卫处。有毒及可燃气体检测仪如图 4-99 所示。

(4) 摄像头。将摄像头布放至智能家居中，可使用户远程查看家中情况，可实时通话、录像等，多用于家中老人、小孩及宠物的看管照顾，起到远程监控的作用，如图 4-100 所示。

图 4-99　有毒及可燃气体检测仪　　　　　　　图 4-100　摄像头

(5) 智能门锁。智能门锁是在用户安全性、识别、管理性方面更加智能化、简便化的锁具。智能门锁是门禁系统中锁门的执行部件。区别于传统机械锁，智能门锁是具有安全性、便利性、先进技术的复合型锁具，如图 4-101 所示。

图 4-101　智能门锁

智能门锁使用非机械钥匙作为用户识别 ID 的成熟技术，如指纹锁、虹膜识别门禁(生物识别类，安全性高，不存在丢失损坏；但不方便配置，成本高)；主要应用于智能家居，当主人不在家时，亲戚朋友到访，可以通过家庭网关，远程开启家门，避免亲朋滞留门外等待的尴尬局面。

由于智能家居的图像识别特性，它与安防系统中的监控系统结合是最为紧密的。智能监控系统也是安防系统中智能分析应用最成熟的系统，从而智能组网将会引导用户进入智能安防的互联网新时代。智能安防组网图如图 4-102 所示。

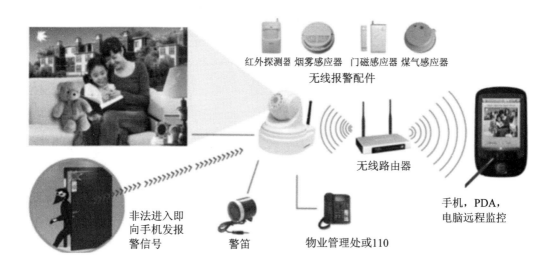

红外探测器 烟雾感应器 门磁感应器 煤气感应器

无线报警配件

无线路由器

手机，PDA，
电脑远程监控

非法进入即
向手机发报
警信号

警笛

物业管理处或110

图 4-102 智能安防组网图

4.11.3 设备操作

本小节以市面上比较常见的小米智能家居设备和古北智能家居设备为例简单介绍下智能家居设备的具体操作，其他厂家设备与此类同。

1) 小米智能家居设备

小米家庭网关(见图 4-103)是小米将 ZigBee 技术与 Wi-Fi 技术相结合的一套智能家居设备。其主体网关采用 Wi-Fi 技术连接通信，剩余配件均为 ZigBee 协议通信控制连接在网关主体上。

图 4-103 小米家庭网关

首先，手机端下载米家 APP，选择添加设备，如图 4-104 所示。

图 4-104　添加设备

选择手动添加设备型，找到多功能网关，接通设备后重置设备，如图 4-105 所示。

图 4-105　选择多功能网关

网关设置连接成功后，将其他子设备依次添加，首先添加智能插座，按照手机 APP 提示进行操作，直至添加完成，如图 4-106 所示。

图 4-106 添加智能插座

然后添加无线开关、人体传感器和门窗传感器，操作方法均与上述一致，按照手机
APP 提示操作即可完成添加，如图 4-107 所示。

图 4-107 添加人体传感器和门窗传感器

设备添加完成后，可互相之间设置联动。例如，无线开关可以设置打开相应设备相应功能，单击、双击都会有不同的设备联动，人体传感器和门窗传感器都可以进行相应场景的设置或与其他设备的联动，这里就不多介绍了。

2) BroadLink(古北)智能家居设备

手机上下载易控 APP，如图 4-108 所示(苹果手机至 APP Store 下载，安卓手机至各大手机 APP 应用均可下载，也可至 BroadLink 官网 http：//www.broadlink.com.cn/进行下载)，APP 下载完成后根据提示注册，然后登录即可。

图 4-108　下载易控 APP

登录后，打开界面，在右上角进行添加设备，正确输入要连接的 Wi-Fi 名称和 Wi-Fi 密码，如图 4-109 所示。

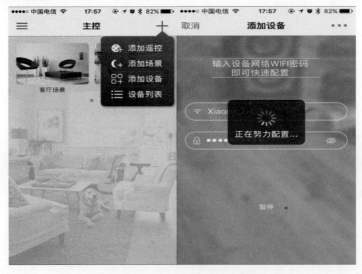

图 4-109　输入设备网络 Wi-Fi 名称和密码

(1) 添加智能插座。

添加智能插座如图 4-110 所示。

设备添加完成后，可以使用手机进行 Wi-Fi 遥控和其他功能的设置(定时、延时和循环等)。

图 4-110 添加智能插座

(2) 添加智能环境监测仪。

添加智能环境监测仪如图 4-111 所示。

添加成功后，可实时检测监测仪所处周围的环境参数。

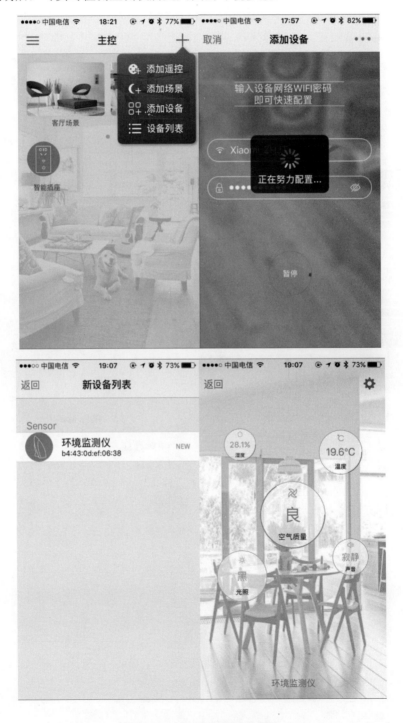

图 4-111　添加智能环境监测仪

(3) 添加 Wi-Fi 智能遥控器。

如图 4-112 所示，智能遥控器添加成功后，可以选择添加家庭各类遥控器，包括红外类遥控器、射频类遥控器等。

智能产品可以根据场景设定智能应用，比如可根据环境监测仪等的相关参数设置各设备之间的联动。

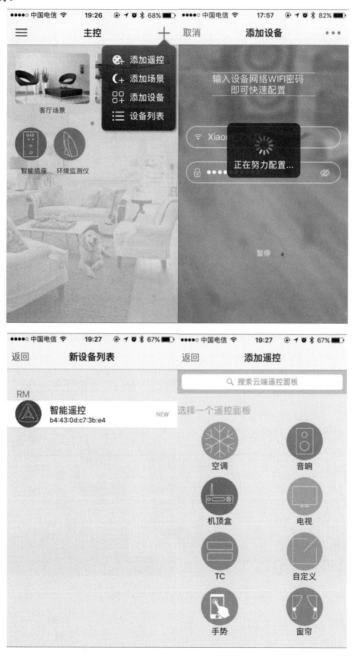

图 4-112 添加 Wi-Fi 智能遥控器

4.11.4 场景联动

1) 智能家居场景——起床模式

清晨，你还在熟睡，天翼网关就已经将家中电器唤醒，打开音响播放轻音乐唤醒熟睡的你，随后点亮灯光，打开窗帘，开启空调并自动调整到适当的起居温度，并开启空气净化器。

你睁开眼睛就能感受到舒适的光线、柔美的音乐、适宜的温度，甚至面包机与煮蛋器都已经将早餐准备就绪。在你享用早餐时，电视机自动开启，调整到你每日观看的新闻资讯频道，如图 4-113 所示。

图 4-113　智能家居场景——起床模式

2) 智能家居场景——外出模式

当你离家时，不必要的设备将自动断电关闭，安防设备也将立即启动。

你可以在办公室远程控制你的家，可视化地操控家中电器，远程进行房间清洁，或者下载晚上想看的电影、视频，亦或者通过摄像头 Wi-Fi 遥控飞机，逗你家的小猫小狗，如图 4-114 所示。

图 4-114　智能家居场景——外出模式

3) 智能家居场景——回家模式

当你要回家前一键启动，微波炉、热水器将提前自动工作，空调开始调整室温。踏进家门那一刻，天翼网关已为你点亮灯光，挑选你喜欢的音乐，欢迎你回家。

陕西电信

智慧家庭工程师培训认证教材

附 录

附录 1 相关手机的应用操作流程

1. 智慧营维 APP

智慧营维 APP，是中国电信推出的一款提供给运营商装维人员使用的移动端办公助手工具，并且可以辅助装维人员完成电信业务的放装和障碍的处理。手机客户端拥有工单查询、资源信息查询、资源变更等功能，装维人员通过客户端即可查看每天的工作分配，极大地提高了工作效率。

(1) 智慧营维 APP 下载。目前，智慧营维 APP 有安卓 Android 和苹果 IOS 两个版本，用户根据自身终端操作系统，只需在安卓 Android 商店或苹果 IOS "App Store"中搜索"智慧营维"即可下载该 APP。

此外，还可以通过手机二维码扫描进行安装，智慧营维 APP 下载二维码如附图 1-1 所示。

安卓 Android　　　　　苹果 IOS

附图 1-1 智慧营维 APP 下载二维码

(2) 用户登录。在登录页面，用户需要输入正确的用户名、密码，然后点击"登录"，登录成功则进入首页。为便于下次登录，用户可勾选"记住密码"选项，如附图 1-2 所示。

附图 1-2 智慧营维 APP 登录页面

(3) 首页情况。登录智慧营维 APP 后，点击首页的"待办工单"或"已完成工单"菜单，如附图 1-3 所示。

附图 1-3 "待办工单"页面和"已完成工单"页面

(4) 开通待办。点击待办工单中的"开通待办"，打开开通待办页面。在该页面中，⚙ 代表当日装，🤝代表已预约，点击"全部工单"则显示工单分类查询，如附图 1-4 所示。

附图 1-4 "开通待办"页面

点击其中一个工单，则弹出开通待办工单。其中，**H** 代表 FTTH 的工单，代表移机工单，代表工单可收缩，代表先装后付工单，如附图 1-5 所示。

附图 1-5　开通待办工单各类符号

点击其中一个工单，进入工单详情页面。在该页面中，"工单"用于显示客户资料和订单信息，如附图 1-6 所示。

附图 1-6　工单详情页面

在工单详情页面中，分别点击"产品"、"资源"和"关联单"，可以看到相应的信息，如附图 1-7 所示。

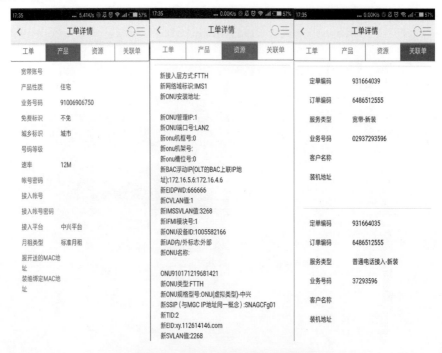

附图 1-7 产品、资源和关联单页面

点击页面右上角的"三道杠"按钮，则弹出工单的各类功能按钮，如附图 1-8 所示。

附图 1-8 点击"三道杠"按钮

点击"签到"按钮，则弹出上门施工须知页面。关闭上门施工须知页面后，签到按钮变为回单按钮，如附图 1-9 所示。

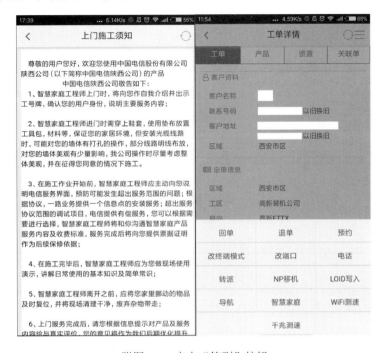

附图 1-9　点击"签到"按钮

点击"回单"按钮，则进入回单前测速测光衰页面。点击回单前测速测光衰页面的"回单"按钮，则进入客户评价页面，如附图 1-10 所示。

附图 1-10　点击"回单"按钮

在客户评价页面对服务过程进行评价，并上传用户签名，点击"评价"按钮，则上传客户评价信息成功。然后系统进入回单页面，如附图1-11所示。

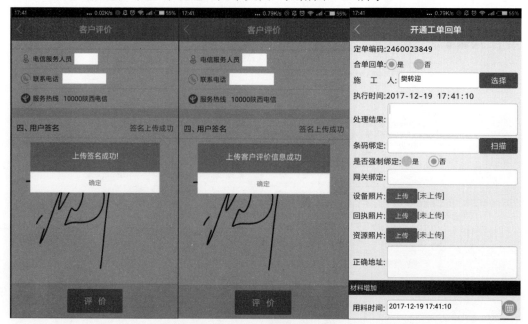

附图1-11　进行客户评价

点击附图1-8中的"退单"按钮，进入退单页面，如附图1-12所示。

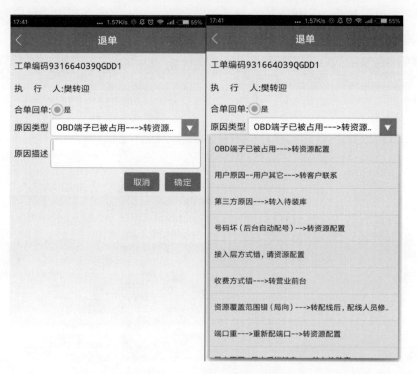

附图1-12　点击"退单"按钮

点击附图 1-8 中的"预约"按钮，进入预约页面，如附图 1-13 所示。

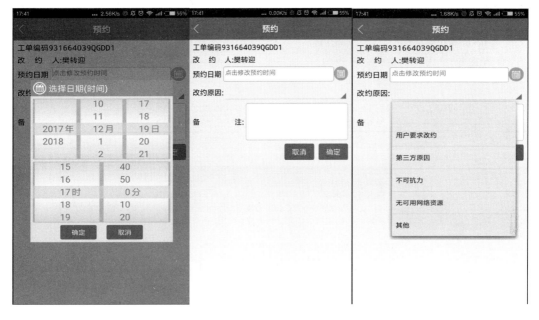

附图 1-13　点击"预约"按钮

点击附图 1-8 中的"改端口"按钮，进入宽带改终端模式页面，如附图 1-14 所示。

点击附图 1-8 中的"电话"按钮，进入电话拨号页面，如附图 1-15 所示。

附图 1-14　点击"改端口"按钮

附图 1-15　点击"电话"按钮

点击附图 1-8 中的"转派"按钮,进入转派页面,如附图 1-16 所示。

点击附图 1-8 中的"mac 绑定"按钮,进入 IPTV(mac)地址绑定页面,如附图 1-17 所示。

附图 1-16　点击"转派"按钮

附图 1-17　点击"mac 绑定"按钮

点击附图 1-8 中的"IPTV 换平台"按钮,进入 IPTV 换平台页面,如附图 1-18 所示。

点击附图 1-8 中的"NP 移机"按钮,进入 NP 移机页面,如附图 1-19 所示。

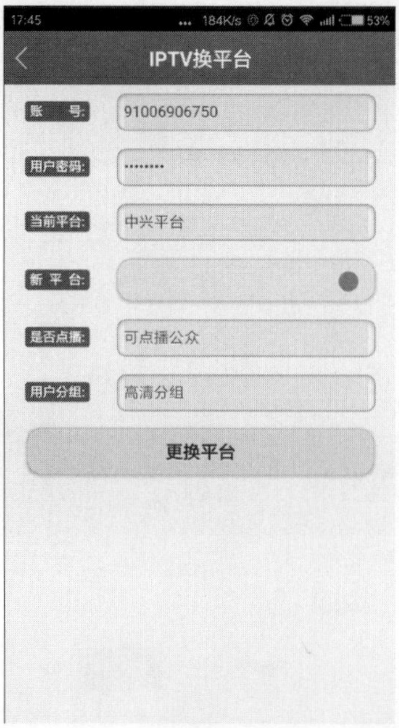

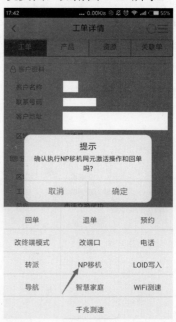

附图 1-18　点击"IPTV 换平台"按钮

附图 1-19　点击"NP 移机"按钮

点击附图 1-8 中的"导航"按钮，进入导航页面，如附图 1-20 所示。

附图 1-20　点击"导航"按钮

点击附图 1-9 中的"智慧家庭"按钮，跳转到智能组网评测工具或者智能组网在线模拟评估系统，如附图 1-21 所示。

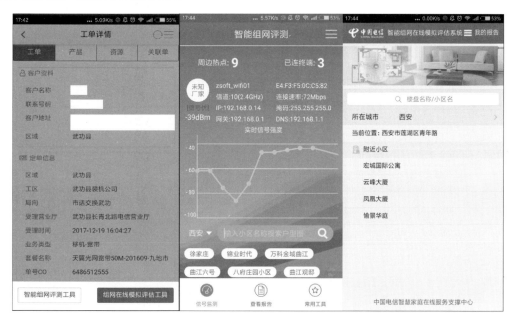

附图 1-21　点击"智慧家庭"按钮

点击附图 1-9 中的"WiFi 测速"按钮，进入 WiFi 测速页面，如附图 1-22 所示。

附图 1-22　点击"WiFi 测速"按钮

(5) 障碍待办。点击待办工单中的"障碍待办"(如附图 1-3 所示)，进入故障待办页面。其中，⊙代表超时工单，⊙代表当日修工单，🤝代表已预约，点击"全部工单"，显示工单分类查询，如附图 1-23 所示。

附图 1-23　故障待办界面

点击其中一个工单，进入故障工单详情页面。点击"工单"和"资源"，可以看到相应信息，如附图 1-24 所示。

附图 1-24　工单详情页面

点击页面右上角的"三道杠"按钮，则弹出各类功能按钮。点击"签到"按钮，进入上门施工须知页面。关闭上门施工须知页面，签到按钮则变为回单按钮，如附图 1-25 所示。

附图 1-25　各类功能按钮

点击右上角的"设置"按钮，系统将弹出故障诊断、信息查询和网元操作三个选项，如附图 1-26 所示。

附图 1-26　点击"设置"按钮

点击右上角的"个人"按钮，系统将弹出客户信息、最近三个月报障记录和日常使用分析三方面内容，如附图 1-27 所示。

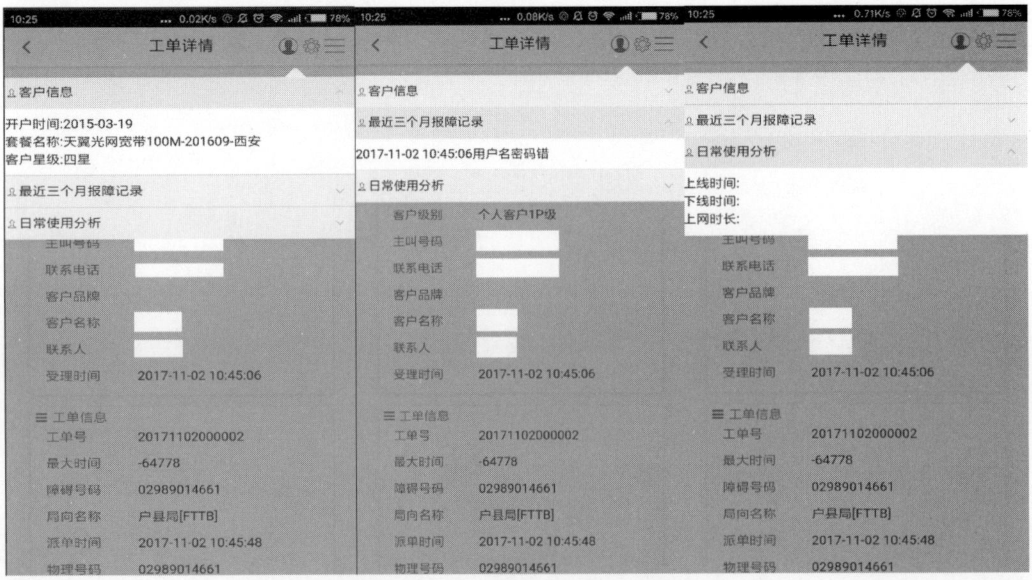

附图 1-27　点击"个人"按钮

点击附图 1-25 中的"回单"按钮，进入回单页面，如附图 1-28 所示。

附图 1-28　点击"回单"按钮

点击附图 1-25 中的"预约"按钮，进入预约页面，如附图 1-29 所示。

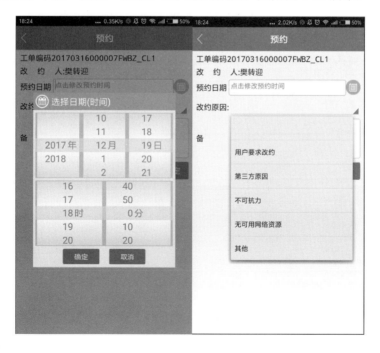

附图 1-29　点击"预约"按钮

点击附图 1-25 中的"反馈"按钮，进入反馈页面，如附图 1-30 所示。

点击附图 1-25 中的"电话"按钮，进入电话拨号页面，如附图 1-31 所示。

附图 1-30　点击"反馈"按钮

附图 1-31　点击"电话"按钮

点击附图 1-25 中的"导航"按钮，进入导航页面，如附图 1-32 所示。

点击附图 1-25 中的"转派"按钮，进入转派页面，如附图 1-33 所示。

附图 1-32　点击"导航"按钮

附图 1-33　点击"转派"按钮

点击附图 1-25 中的"换平台"按钮,进入 IPTV 换平台页面,如附图 1-34 所示。

点击附图 1-25 中的"改密码"按钮,进入 IPTV 改密码页面,如附图 1-35 所示。

附图 1-34　点击"换平台"按钮　　　　附图 1-35　点击"改密码"按钮

点击附图 1-25 中的"改端口"按钮,进入修改端口页面,如附图 1-36 所示。

附图 1-36　点击"改端口"按钮

点击附图 1-25 中的"商机能力"按钮，弹出加装 IPTV 和天翼智能组网菜单，如附图 1-37 所示。

附图 1-37　点击"商机能力"按钮

(6) 商机待办。点击待办工单中的"商机待办"，显示商机工单页面，如附图 1-38 所示。

附图 1-38　进入商机工单页面

点击附图 1-38 中的"批注"按钮，则显示商机结论和批注信息；点击商机结论后的选项，则弹出商机结论的选择项，如附图 1-39 所示。

附图 1-39　点击"批注"按钮

点击附图 1-38 中的"改约"按钮，可选择预约日期和时间，如附图 1-40 所示。

附图 1-40　点击"改约"按钮

(7) 开通待办拆。点击待办工单中的"开通待办拆",进入开通待办拆页面,如附图 1-41 所示。

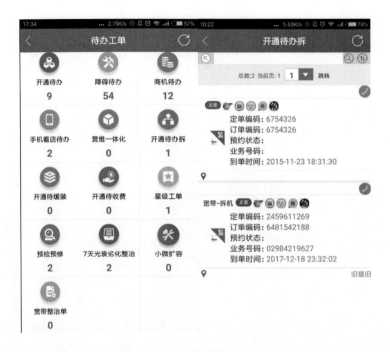

附图 1-41　进入开通待办拆页面

点击其中一个工单,则显示拆机单详情,包括工单、产品、资源和关联单等信息,如附图 1-42 所示。

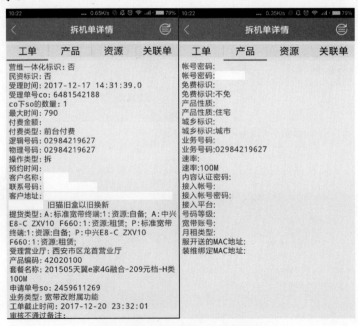

附图 1-42　显示拆机单详情信息

(8) 开通待缓装。点击待办工单中的"开通待缓装",进入开通待装查询页面,如附图 1-43 所示。

附图 1-43　进入开通待装查询界面

点击其中一个工单,则显示工单详情信息,如附图 1-44 所示。

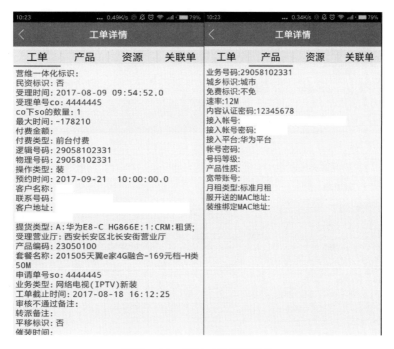

附图 1-44　显示工单详情信息

(9) 星级工单。点击待办工单中的"星级工单",进入星级服务工单和星级工单回单页面,如附图 1-45 所示。

附图 1-45　进入星级工单页面

(10) 预检预修。点击待办工单中的"预检预修",进入预检预修工单页面,如附图 1-46 所示。

(11) 7 天光衰劣化整治。点击待办工单中的"7 天光衰劣化整治",进入 7 天光衰劣化整治页面,如附图 1-47 所示。

附图 1-46　进入预检预修工单页面　　　　附图 1-47　进入 7 天光衰劣化整治页面

(12) 宽带整治单。点击待办工单中的"宽带整治单",进入宽带整治工单页面,点击其中一个工单,显示工单详情,如附图 1-48 所示。

附图 1-48　进入宽带整治单页面

点击右上角的"三道杠"按钮,弹出测速和回单两个按钮,以及一个弹出框(用于显示整治原因、回单人和需填写的备注信息),如附图 1-49 所示。

附图 1-49　填写整治原因等信息

点击"测速"按钮，可进入 WiFi 测速页面进行测速，测速后可点击回单，如附图 1-50 所示。

(13) 常用工具。点击首页的"常用工具"菜单，进入我的工具页面，如附图 1-51 所示。

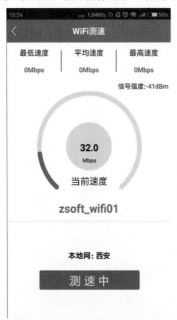

附图 1-50　进行 WiFi 测速页面　　　　附图 1-51　进入我的工具页面

点击"智检查"按钮，进入智检查页面，如附图 1-52 所示。

附图 1-52　点击"智检查"按钮

点击"纠错单"按钮，进入纠错单页面，如附图 1-53 所示。

附图 1-53　点击"纠错单"按钮

点击"条码管理"按钮，进入条码管理页面，如附图 1-54 所示。

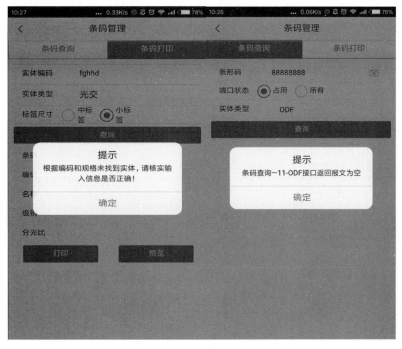

附图 1-54　点击"条码管理"按钮

点击"光猫在线"按钮，进入光猫在线页面，如附图 1-55 所示。

点击"营销活动"按钮，进入营销活动页面，如附图 1-56 所示。

附图 1-55　点击"光猫在线"按钮　　　　　　　附图 1-56　点击"营销活动"按钮

点击"查询用户在线信息"按钮，进入用户在线信息页面，如附图 1-57 所示。

点击"AAA 密码验证"按钮，进入 AAA 密码验证页面，如附图 1-58 所示。

附图 1-57　点击"查询用户在线信息"按钮　　　　附图 1-58　点击"AAA 密码验证"按钮

点击"查询用户认证失败信息"按钮，进入用户认证失败信息页面，如附图 1-59 所示。

点击"家庭网关 WAN 连接状态"按钮，进入家庭网关 WAN 连接状态页面，如附图 1-60 所示。

附图 1-59　点击"查询用户认证失败信息"按钮　　附图 1-60　点击"家庭网关 WAN 连接状态"按钮

点击"家庭网关 LAN 连接状态"按钮，进入家庭网关 LAN 连接状态页面，如附图 1-61 所示。

点击"语音接口状态"按钮，进入语音接口状态页面，如附图 1-62 所示。

附图 1-61　点击"家庭网关 LAN 连接状态"按钮　　附图 1-62　点击"语音接口状态"按钮

点击"查询机顶盒信息"按钮，进入查询机顶盒信息页面，如附图 1-63 所示。

点击"专项测试"按钮，进入专项测试页面，如附图 1-64 所示。

附图 1-63　点击"查询机顶盒信息"按钮　　　　附图 1-64　点击"专项测试"按钮

点击"更线更端口"按钮，进入自助更线页面，如附图 1-65 所示。

点击"条码扫描"按钮，进入条码扫描页面，如附图 1-66 所示。

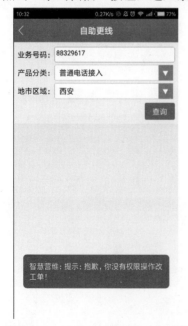

附图 1-65　点击"更线更端口"按钮　　　　附图 1-66　点击"条码扫描"按钮

点击"资源查询"按钮，进入资源查询页面，如附图 1-67 所示。

附图 1-67　点击"资源查询"按钮

点击"Gis 地图"按钮，进入地图导航页面，如附图 1-68 所示。

附图 1-68　点击"Gis 地图"按钮

(14) "我的"页面。点击首页的"我的"菜单，进入"我的"页面，如附图1-69所示。

点击"账号管理"菜单，则弹出注销登录、账号解绑、密码修改和取消四个菜单，如附图1-70所示。

附图1-69　进入"我的"界面

附图1-70　点击"账号管理"菜单

点击"注销登录"菜单，进入注销登录页面，如附图1-71所示。

点击"账号解绑"菜单，进入账号解绑页面，如附图1-72所示。

附图1-71　点击"注销登录"菜单

附图1-72　点击"账号解绑"菜单

点击"密码修改"菜单，进入修改密码页面，如附图 1-73 所示。

附图 1-73　点击"密码修改"菜单

点击附图 1-69 中的"指标查询"菜单，进入指标查询页面，如附图 1-74 所示。

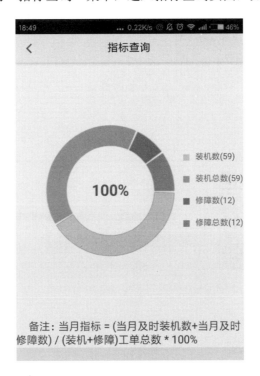

附图 1-74　点击"指标查询"菜单

点击附图 1-69 中的"收入统计"菜单，进入收入统计页面，点击 **2017 10**，也可选择其他月份进行查询，如附图 1-75 所示。

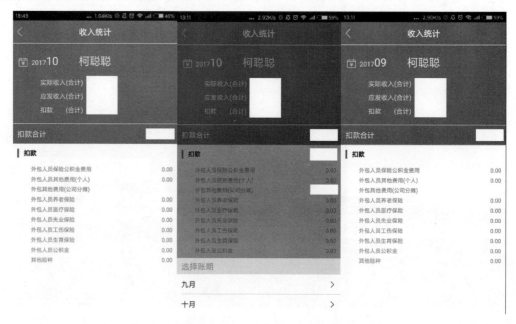

附图 1-75　点击"收入统计"菜单

点击附图 1-69 中的"个人信息"菜单，手机竖屏时展示中国电信陕西网厅微信公众号的二维码，横屏时展示装维人员的工作证信息，如附图 1-76 所示。

附图 1-76　点击"个人信息"菜单

点击附图 1-69 中的"问题反馈"菜单，进入反馈页面，如附图 1-77 所示。

点击附图 1-69 中的"版本信息"菜单，进入版本信息页面，如附图 1-78 所示。

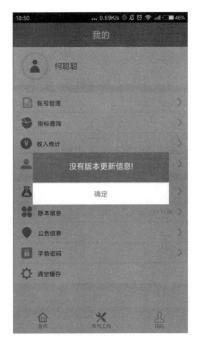

附图 1-77　点击"问题反馈"菜单　　　　　　　　附图 1-78　点击"版本信息"菜单

点击附图 1-69 中的"公告信息"菜单，进入公告信息页面，如附图 1-79 所示。

附图 1-79　点击"公告信息"菜单

点击附图 1-69 中的"手势密码"菜单，进入手势密码页面，如附图 1-80 所示。

附图 1-80　点击"手势密码"菜单

点击附图 1-69 中的"清空缓存"菜单，进入清空缓存页面，如附图 1-81 所示。

附图 1-81　点击"清空缓存"菜单

2. 翼受理 APP

翼受理 APP 是中国电信推出的一款业务处理类手机应用，主要用于智慧家庭工程师在为用户上门服务时，通过该应用为用户下订单。

(1) 翼受理 APP 下载。目前，翼受理 APP 有安卓 Android 和苹果 IOS 两个版本，用户需要在安卓 Android 系统或苹果 IOS 系统的移动终端上安装翼受理 APP 才能使用。

可以通过手机二维码扫描进行安装，翼受理 APP 下载二维码如附图 1-82 所示。其中，左边是安卓 Android 安装包下载二维码，右边是苹果 IOS 安装包下载二维码。

安卓 Android   苹果 IOS

附图 1-82　翼受理 APP 下载二维码

(2) 用户登录。在登录页面，用于需要输入正确的用户名、密码和验证码，然后点击"登录"按钮，并设置手势密码，如附图 1-83 所示。

附图 1-83　翼受理 APP 登录页面

当用户输入用户名和密码或手势密码进行登录时，系统会自动检测当前 APP 是否为最新版本，如果有新版本，则会弹出版本更新提示框，如附图 1-84 所示。

(3) 首页情况。用户成功登录后，会进入翼受理 APP 首页，如附图 1-85 所示。

附图 1-84　翼受理 APP 版本更新

附图 1-85　翼受理 APP 首页

当日受理量展示的数字为当前登录工号当天在翼受理 APP 受理的订单总数(当前选择的营业厅归属的本地网的订单)。点击该数字可查看当日受理订单明细(包括受理时间、订单号、业务类型、订单状态)。

当日收费展示的数字为当前登录工号当天在翼受理 APP 受理的订单所产生的一次性费用总额，点击该数字可查看当日收费明细(包括受理时间、订单号、业务类型、收取费用(单位：元))。

(4) 个人中心。用户成功登录后，首页的右上角会展示当前登录用户的姓名。点击用户姓名，可以进入该用户的个人中心，如附图 1-86 所示。

① 个人中心页面的上部分会展示当前登录工号的姓名、账号、手机以及工号归属的营业厅。

附图 1-86　翼受理 APP 个人中心

② 点击"手势密码"，输入登录密码，经过账号验证之后可以进行手势密码的修改。

③ 是否营维一体化：选择是。该选项主要用于宽带新装场景，作为一个订单加急标识发送到后端。

(5) 业务受理。以订购 4G 套餐为例，点击"4G 新装"，进入受理页面，如附图 1-87 所示。

附图 1-87　4G 新装受理页面

确认客户，选择证件认证，用手机 NFC 进行证件认证，如附图 1-88 所示。

附图 1-88　客户认证

若给新客户受理，证件认证时查询不到客户信息，系统会提示是否需要新建客户。若需要，则填写好相关信息。客户新建完成后，系统会自动将新建客户的相关信息反馈至新装受理页面，如附图 1-89 所示。

附图 1-89　新客户受理

若已有客户资料，则系统会自动识别用户资料，点击确认进入下一步即可，如附图 1-90 所示。

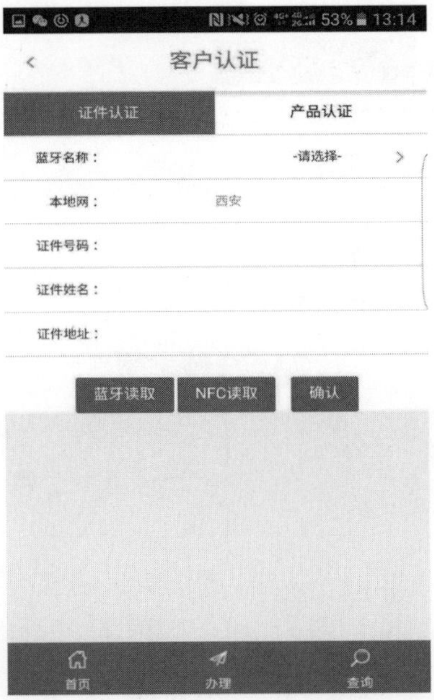

附图 1-90　已有客户受理

此时，系统会根据登录工号的业务组展示所有可以受理的 4G 套餐，通过在搜索框中输入套餐名称关键字进行搜索或者上拉加载更多，确定要订购的 4G 套餐。例如，融合 169 套餐，209 套餐。点击"订购"按钮，触发打开手机端浏览器，使页面跳转至集团受理页面。

选择套餐后进入选号码页面，在该页面既可以选择号码池，也可以根据号头和类型进行查询。注意，选择号码时，建议选择预存话费为 0 的号码。选定号码后点击"下一步"按钮，如附图 1-91 所示。

附图 1-91　选择套餐及号码

进入选择套餐明细页面，系统默认一张手机卡，添加副卡需点击"套餐构成"进行选择。点击"选号继续"可继续选择副卡号码，点击"扫描"可扫描卡号，扫描完成后去掉卡后面的字母，点击"操作"进行卡校验，如附图 1-92 所示。

附图 1-92　选择套餐明细页面

卡校验完成后点击"下一步",进入集团页面。首先进行客户身份鉴权,然后显示卡数量,上一步选择的副卡有几张集团页面就显示几张,且在这里无法进行修改。点击"确定",如附图 1-93 所示。

附图 1-93 客户身份鉴权

在加装副卡时需注意:必须取消两张副卡上的交费助手。在加装副卡的页面点击"可选包/功能",选择"已选择"中的"功能产品"。注意,若要受理集团促销,则在"可订购"里选择促销包即可查询可受理的促销,如附图 1-94 所示。

附图 1-94 加装副卡

选择翼支付交费助手(点击"×")后，系统提示取消翼支付交费助手功能产品，点击"确定"。取消后，翼支付交费助手变红，页面如附图 1-95 所示。

附图 1-95　取消翼支付交费助手

点击"下一步"，系统将跳转至集团侧确认订单页面。点击"订单确认"，系统将自动查询集团订单数据，如附图 1-96 所示。

附图 1-96　订单确认

点击"促销包",选择副卡优惠 10 元促销包,如附图 1-97 所示。

附图 1-97　选定促销包

选择促销包后,点击"其他",选择"新融合 4G 套餐 1 元包 1G 省内流量"促销活动,如附图 1-98 所示。

附图 1-98　选定其他促销包

点击"下一步"，系统会弹出"是否捆绑固网融合套餐？"提示框。点击"是"，则进入融合宽带受理界面。点击"否"，则 4G 新装订单受理完成。点击"是"后，选择"新装融合套餐"。通过在搜索框中输入套餐名称关键字进行搜索或者上拉加载更多，确定要订购的套餐，然后点击"订购"即可，如附图 1-99 所示。

附图 1-99　订购新装融合套餐

选择或填写该套餐下的产品明细信息。套餐明细页面默认为套餐的必选产品，包括网络电视(IPTV)和天翼宽带。点击页面右上角"+"，添加可选产品，如附图 1-100 所示。

附图 1-100　选定套餐下产品明细信息

选择标准地址。在搜索框前面有一个服务区的展示，它是根据之前选择 4G 套餐时所选择的服务区确定的，因此标准地址也只能选择此服务区中的地址(该融合套餐下的所有产品共用一个标准地址)。点击标准地址下的蓝色字体(小框内的文字)，确定标准地址并填写详细地址信息，如附图 1-101 所示。

附图 1-101   选择标准地址并填写详细地址信息

IPTV 和天翼宽带选择自动生成账号，固话可选择前台选号或者后台自动配号。配号方式若选择的是"前台选号"，则点击"选择产品号码"，系统页面跳转至选择产品号码页面。

在选择产品号码页面，电话号码的输入框中可以输入完整的电话号码或号码的前几位进行查询筛选。若想查询号码中包含某些数字组合的电话号码，可以在搜索框中的数字之前输入"%"，如在搜索框中输入%168，则可以搜索出所有包含 168 的电话号码。"局向"是根据选择的标准地址的局向进行的展示，不可修改。点击搜索按钮，系统会弹出号码等级的选择框，选择号码等级八级，点击查询就可以查出符合查询条件的号码。

选定某号码，点击"确定"，返回套餐明细页面，或者点击"换一批"，重新选择号码，如附图 1-102 所示。

附图 1-102　选择产品号码

选择 IPTV 的资源设备(注意：选择设备来源为"自备"时，送货标志应选择"不送货"，资源价格处应输入"0")，如附图 1-103 所示。

附图 1-103　选择 IPTV 的资源设备

选择宽带的资源设备(注意：选择设备来源为"自备"时，送货标志应选择"不送货"，资源价格处应输入"0")，填写完所有项后点击"下一步"，如附图1-104所示。

附图1-104　选择宽带资源设备

进入可选包/促销包选择页面，此处应选择省内宽带侧"促销/可选包"，点击"可选包"可选择可选包或促销包，在搜索框输入关键字可搜索相应的促销包或可选包。点击促销名称已订购会显示订购的促销名称。确认无误后点击"下一步"，如附图1-105所示。

附图1-105　可选包/促销包选择

　　进入订单确认页面，查询订单信息和费用信息。点击"订购"后的字体，可以展开查看订单详细进行核对确认，如附图 1-106 所示。

附图 1-106　订单确认

　　点击"事后付费"，稍等片刻，系统会弹出"业务办理成功"提示框，如附图 1-107 所示。点击"删除订单"，则该订单作废。

附图 1-107　业务受理成功后产生订单号

　　点击"查看订单"，订单确认页面将新展示一个"受理信息"。

　　注意：目前，翼受理 APP 的内容已全面纳入智慧营维 APP 中，在后续版本里会更新这部分的操作内容。

(6) 常见问题处理。

① 受理时异常退出。

订单查看：需要先定位客户，已经定位则无需重新定位，在查询里点击订单查看即可。

订单受理过程中，系统异常退出，在订单查看里能看到有一条待处理订单。该订单无法正常处理，只能点击"删单"。

若受理到收费界面，系统异常退出，则系统会显示收费和删单两个按钮。点击"收费"按钮即可回到收费页面，订单继续受理。若不需要，则点击删单，如图 1-108 所示。

删除订单后系统自动释放卡号，重新受理时可继续使用。

② 客户认证，点击"NFC 读取"时，系统提示"对应的员工信息为空！"，如附图 1-109 所示。

原因：渠道视图关系表中没有配置员工和渠道的关系。

解决方案：联系渠道视图管理员核实配置关系，需要建立省内工号和集团工号的映射关系。

附图 1-108 订单删除

附图 1-109 对应的员工信息为空

③ 该 UIM 卡不在对应渠道，如附图 1-110 所示。

原因：营业厅渠道没有和本地网级仓库保持关联，故需要建立关联关系。

解决方案：联系分局渠道视图管理员在 4G 后台管理系统中点击"仓库配置管理"，查询出本地网级仓库，而后点击"售卖"，查询渠道，最后点击"新增"。

④ 工号登录提示"此用户对应 CDMA 号码格式不正确",如附图 1-111 所示。

原因：工号绑定的手机号码不正确。

解决方案：联系工号管理员核查该工号绑定的手机号码。

附图 1-110　该 UIM 卡不在对应渠道

附图 1-111　此用户对应 CDMA 号码格式不正确

⑤ 登录工号办理业务提示"当前工号归属渠道不允许办理 4G 业务",如附图 1-112 所示。

原因：受理工号没有 4G 业务受理权限。

解决方案：联系工号管理员核实权限。

⑥ 工号在翼受理 APP 看不到号码,选择号码池里是空的,如附图 1-113 所示。

原因：工号对应的营业厅没有与号码池进行绑定或者工号在 CRM 对应的营业厅和渠道视图营业厅不一致。

解决方案：联系分局渠道视图管理员核实工号信息。

附图 1-112　当前工号归属渠道不允许
办理 4G 业务

附图 1-113　工号在翼受理 APP 的选择
号码池为空

3. 天翼网关 APP

(1) 天翼网关 APP 下载。使用手机扫描天翼网关 APP 二维码进行下载，如附图 1-114 所示。

附图 1-114　天翼网关 APP 下载

选择天翼网关手机客户端进行下载安装。

安卓手机可通过安卓市场搜索"天翼网关"下载安装，对手机操作系统版本的要求是 Android 版本 4.0 以上；

苹果手机可通过苹果 APP 搜索"天翼网关"下载安装，手机操作系统版本的要求是 IOS 版本 5 以上。

注意：为避免用户损耗流量，装维人员必须用用户的无线网络给用户下载。

(2) 天翼网关 APP 注册。电信网厅登录账号密码就是天翼网关账号密码，如果用户已有天翼账号但却忘记密码，可点击"忘记密码"，然后通过短信验证找回密码。

如果用户没有天翼账号，则可注册账号。此时，只需要填写手机号、天翼密码、手机验证码即可完成注册。然后，输入手机号和密码就可以进入天翼网关应用页面，如附图 1-115 所示。

附图 1-115　天翼网关注册账号

(3) 手机客户端绑定悦 ME 网关。装维工程师上门开通悦 ME 网关业务后，必须给用户下载天翼网关 APP，并将用户悦 ME 网关进行绑定，如附图 1-116 所示。

附图 1-116　手机客户端绑定悦 ME 网关

(4) 手机客户端操作及应用。手机客户端修改网关名称及查看网关运行信息，如附图 1-117 所示。

附图 1-117　手机客户端修改网关名称及查看网关运行信息

悦 ME 手机客户端网关控制及指示灯控制，如附图 1-118 所示。

悦 ME 手机客户端 WiFi 控制功能：关闭/开启、名称修改、密码修改，分别如附图 1-119、1-120、1-121 所示。

附图 1-118　悦 ME 手机客户端网关控制及指示灯控制

① WiFi 关闭/开启。

附图 1-119　悦 ME 手机客户端 WiFi 关闭/开启

② WiFi 名称修改。

附图 1-120　悦 ME 手机客户端 WiFi 名称修改

③ WiFi 密码修改。

附图 1-121　悦 ME 手机客户端 WiFi 密码修改

悦 ME 手机客户端在线设备操作功能：拉黑或撤销，如附图 1-122 所示。

附图 1-122　悦 ME 手机客户端在线设备操作拉黑或撤销

一键测速功能：在线一键测速，如附图 1-123 所示。

附图 1-123　在线一键测速

手机 APP 重启终端，如附图 1-124 所示。

附图 1-124　手机 APP 重启终端

(5) 客户端故障解析。

Q1：为什么扫描二维码打开的下载页面空白或打不开？

A：有些客户端软件可能有屏蔽或安全处理机制，可以将页面 URL 拷贝到手机自带的浏览器中打开，以完成客户端的下载。

Q2：为何下载过程中中断或无法安装？

A：如果下载任务建立，下载过程中中断或下载后无法安装，可能是由手机自身问题导致的。请确保 Android 手机软件版本高于 4.0，IOS 版本高于 8。如果不能解决，请重启手机再次尝试。

Q3：为什么我无法绑定网关？

A：关于天翼网关客户端绑定网关，请您确认以下三点因素：

请确认手机连接到正确的天翼网关 WiFi 下；

如果手机连接在电信天翼网关下的其他路由器，请切换至电信天翼网关 WiFi 下重试；

连接在天翼网关 WiFi 下时，需保证手机可正常上网。

Q4：绑定时为什么会提示连接的 WiFi 信息为普通路由器的 WiFi 名称？

A：这是因为电信天翼网关 WiFi 下可能连接了其他路由器，只要保证电信天翼网关是路由模式，就可以绑定成功。

说明：

路由模式：手机或电脑连接在网关下时，不需要拨号，就可以正常上网。

桥接模式：需要电脑拨号或通过其他路由器上配置宽带账号和密码进行拨号才能上网。

Q5：绑定网关时无法绑定，且系统提示"暂无法绑定，请截屏后关注'天翼网关'

微信公众号咨询详情"。

A：此问题需联系微信客服(微信号：天翼网关)处理，需将网关底部信息(可拍照)和现象截图提供给客服，待后台完成设备信息入库后，重新进行绑定操作即可。

Q6：绑定网关时无法绑定，且系统提示"当前设备已被***账号绑定"。

A：同一台天翼网关只能被一个账号绑定，前一个账号解绑该网关，后一个账号方可进行绑定。

Q7：绑定网关时无法绑定，且系统提示"绑定失败，请截屏后关注'天翼网关'微信公众号咨询详情"。

A：此问题可按照以下步骤操作：

手机直接连接在网关 WiFi 下，查看是否可以上网；

如果可以上网，请重启网关，待重启完成后(手机连接在网关 WiFi 下可以上网)，等待 1～2 分钟再进行绑定；

以上两步如果不能解决问题，请将网关底部信息(可拍照)和现象截图提供给客服。

Q8：绑定网关时无法绑定，且系统提示"连接服务器失败，请稍后重新尝试绑定"。

A：客户端连接后台服务器失败，可能是后台服务器请求拥塞所致，请直接重新绑定或换个时间再次绑定。

Q9：为什么点击开关按钮中"开关指示灯"、"开关 WiFi"、"开关网关"等功能之后没有反应？

A：客户端向网关发送指令需要通过网络侧送达网关，这个过程可能会存在一定延迟时间，也存在指令丢失的可能性。

Q10：为什么客户在操控网关的过程中有时候会看到"网络异常，请稍后重试"的提示？如何解决？

A：客户端管理网关是通过客户端及管理平台交互来实现的，首先客户端向平台发送指令，然后平台向网关发送指令。任何一个环节出现异常时都会提示网络异常，建议客户稍等一会后重试。

Q11：为什么客户端会收到"请重新登录"的提示？

A：客户登录过程超时或登录后长时间没有操作，服务器都会要求客户重新登录，以确认接下来的操作。因此，客户只需重新登录即可。

Q12：在进入"网关"时，为什么有时候手机屏幕会出现闪屏的情况？

A：这是由客户端与网关及管理平台之间的数据交互造成的，后续会优化。

Q13：为什么用户在某型号手机上使用客户端时，客户端的文字和图片会非常大？

A：请客户反馈手机的型号并做记录。由于安卓手机类型很多，可能客户端与该型号手机的分辨率不匹配，后续版本会进行更多适配修改。

Q14：为什么用户在使用客户端时应用异常退出了？

A：由于安卓操作系统是开放性的操作系统，在其上运行的很多程序可能会相互影响。如果客户端偶然异常退出，客户重新登录即可使用，原有信息不会丢失。如果程序总是异常，建议客户采用手机安全软件进行手机应用环境检测。

Q15：为什么用户查看不到智能组网设备了？

A：由于智能组网设备是即插即用的，原来添加成功的组网子设备如果不在线，就会查看不到。建议用户检查组网设备的连接是否正常，然后在客户端点击刷新，重新获取设备列表。

附录2　主流路由器调试方法

一、D-Link 无线路由器基本配置

(1) 将 D-Link 路由器通电，PC 与路由器连接(有线或无线均可)，访问 192.168.0.1，进入配置界面，密码为空，直接点击"登录"即可，如附图 2-1 所示。

附图 2-1　登录配置界面

(2) 进入主界面之后，点击"设置"菜单里的"设置向导"，如附图 2-2 所示。

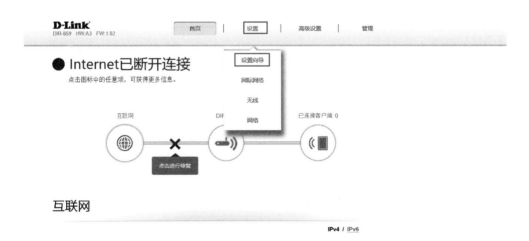

附图 2-2　点击"设置向导"

(3) 根据设置向导，逐步点击"下一步"即可，如附图 2-3 所示。

附图 2-3　逐步进行设置

(4) 路由器会自动根据 WAN 口的上联情况判断联网方式(PPPoE 或自动获取 IP)，输入用户名和密码，如附图 2-4 所示。

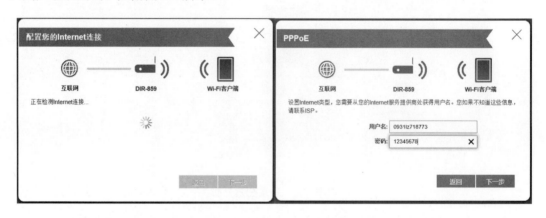

附图 2-4　输入用户名和密码

(5) 设置 Wi-Fi 网络名和无线密码，然后设置管理员密码，如附图 2-5 所示。

附图 2-5　设置 Wi-Fi 名称和密码

(6) 设置完成，如附图 2-6 所示。

附图 2-6　设置完成

二、路由器有线桥接操作

1. 360 P2 路由器有线桥接配置

(1) 以家中已有路由器为主路由器，以 360 P2 路由器为副路由器，将 360 P2 路由器 WAN 口与主路由器 LAN 口连接，打开浏览器，点击"立即开启"，如附图 2-7 所示。

附图 2-7　点击"立即开启"

(2) 路由器自动检测上网方式。由于 360 P2 路由器和主路由器是有线连接方式，检测结果为动态 IP 上网方式，点击"立即开始上网"，如附图 2-8 所示。

附图 2-8　检测上网方式

(3) 路由器自动检测网络是否连接成功，再点击"设置我的 WiFi"，如附图 2-9 所示。

附图 2-9　检测网络连接

(4) 将 WiFi 名称设置为主路由器的名称，WiFi 密码与路由器管理密码相同，点击"下一步"，如附图 2-10 所示。

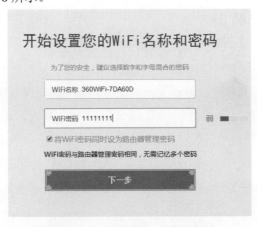

附图 2-10　设置 WiFi 名称和密码

(5) 完成联网设置，联网状态显示正常，接着点击"WiFi 设置"，如附图 2-11 所示。

附图 2-11　联网状态正常

(6) 修改路由器的 WiFi 名称和信道，保持和主路由器一致即可，修改完成点击"确定"，如附图 2-12 所示。

附图 2-12　修改路由器的 WiFi 名称和信道

2. 腾达 AC9 路由器有线桥接配置

(1) 恢复腾达 AC9 路由器出厂设置，连接初始账号与密码(初始账号与密码在路由器背后标签上)，连接后输入 192.168.0.1 进入管理界面，点击"开始体验"，如附图 2-13 所示。

附图 2-13　开始体验界面

(2) 选择连接方式为动态 IP，点击"下一步"，如附图 2-14 所示。

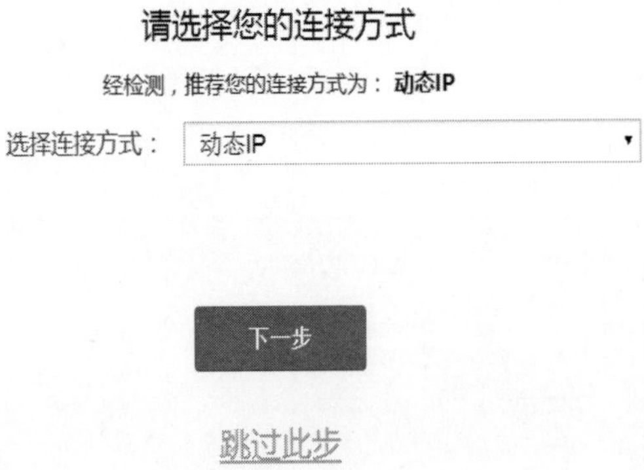

请选择您的连接方式

经检测，推荐您的连接方式为：**动态IP**

选择连接方式：　动态IP　　　　　　　　　　　▼

下一步

跳过此步

附图 2-14　选择连接方式

(3) 设置 WiFi 名称和密码与主路由器相同，点击"下一步"，如附图 2-15 所示。

无线设置

☑ 将无线密码同时设为路由器管理员密码

下一步

附图 2-15　设置 WiFi 名称和密码

(4) 进入路由器的管理界面，点击"无线设置"，进入无线设置后，点击"无线信道与频宽"，如附图 2-16 所示。

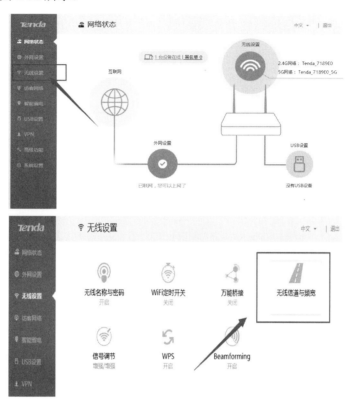

附图 2-16　选择无线信道与频宽

(5) WiFi 信道与主路由器进行绑定，将 WiFi 信道设置为与主路由器一致，点击"保存"完成设置，如附图 2-17 所示。

附图 2-17　绑定 WiFi 信道与主路由器

3．水星 MW460R 路由器有线桥接配置

（1）将子路由器与主路由器连接好后，进行水星路由器设置，地址为 192.168.1.1。首次进入设置地址后，会提示设置管理员密码，设置完成后点击"确认"，如附图 2-18 所示。

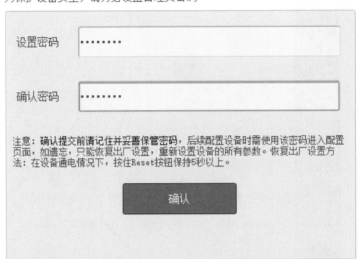

附图 2-18　设置管理员密码界面

（2）进入设置界面后，点击左侧网络设置，选择"WAN 口设置"，在设置选项中将 WAN 口连接类型选择为动态 IP，点击"保存"，如附图 2-19 所示。

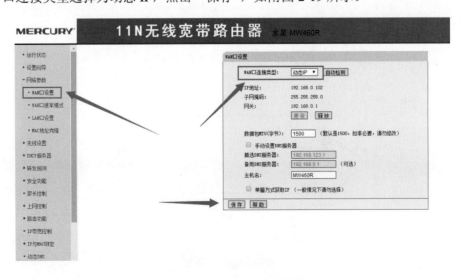

附图 2-19　WAN 口设置界面

(3) 点击左侧"无线设置",选择"基本设置",将 SSID 号设置为与主路由器一致,信道选择与主路由器相同,点击"保存",如附图 2-20 所示。

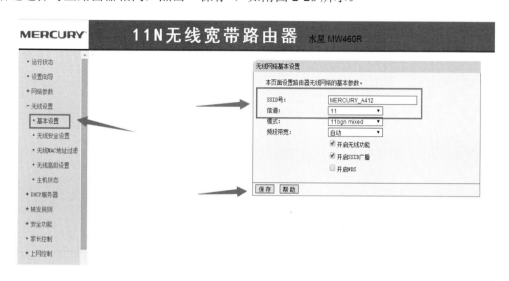

附图 2-20　设置 SSID 号和信道

(4) 点击左侧"无线安全设置",将无线安全加密类型选择为"WPA-PSK/WPA2-PSK"方式,设置 PSK 密码,即 WiFi 密码,应与主路由器 WiFi 密码一致,如附图 2-21 所示。

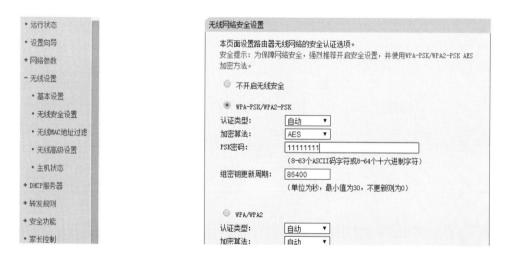

附图 2-21　设置 PSK 密码

(5) 设置完成后,将页面向下移动,点击"保存",点击蓝色"重启"字样,页面跳转点击"重启路由器"。根据提示点击"确定"重启路由器,设置完成,如附图 2-22 所示。

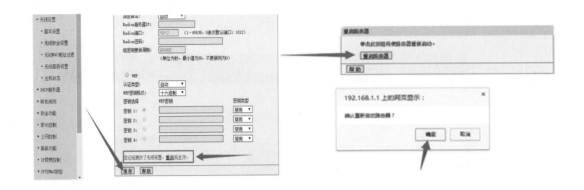

附图 2-22　重启路由器

三、路由器无线中继/桥接操作

1. 腾达 AC9 路由器无线中继配置

(1) 恢复腾达 AC9 路由器出厂设置，连接初始账号和密码(初始账号和密码在路由器背后标签上)。连接后，输入 192.168.0.1 进入管理界面，点击"开始体验"，并在插入网线环节点击"跳过此步"，如附图 2-23 所示。

附图 2-23　登录配置界面

(2) 设置腾达路由器的 WiFi 名称和密码，勾选"将无线密码同时设为路由器管理员密码"，点击"下一步"，再点击"忽略"，如附图 2-24 所示。

无线设置

Tenda_718A70

•••••••• ☑无需密码

☑将无线密码同时设为路由器管理员密码

下一步

附图 2-24　设置 WiFi 名称和密码

(3) 重新连接 WiFi，进入设置界面，选择"无线设置"—"万能桥接"，点击"保存"，如附图 2-25 所示。

附图 2-25　选择"万能桥接"

(4) 打开"万能桥接"，选择"无线信号放大(Client+AP)"模式，等待信号搜索完成，找到主路由器无线信号，如附图 2-26 所示。

附图 2-26　选择"无线信号放大(Client+AP)"模式

(5) 找到搜索到的主路由器 WiFi 信号，输入主路由器 WiFi 密码，点击"保存"，如附图 2-27 所示。

附图 2-27　连接主路由器 WiFi

(6) 在弹出的窗口中，点击"确定"按钮，如附图 2-28 所示。

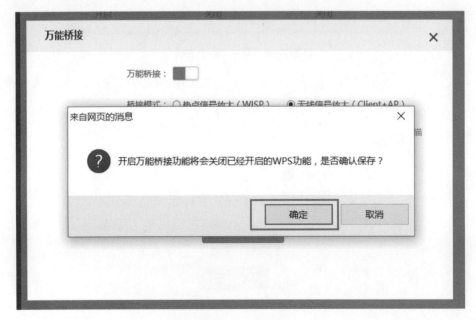

附图 2-28　点击"确定"按钮

(7) 等待重启完成，中继成功，如附图 2-29 所示。

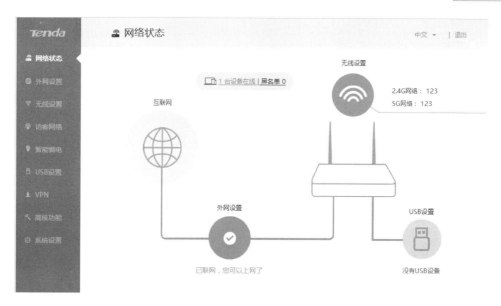

附图 2-29　中继成功

(8) 修改 WiFi 名称和密码，与一级路由器相同即可。因为中继是 2.4G 信号，所以 2.4G 网络的 WiFi 名称和密码必须和一级路由器的相同，5G 网络的可以随意设置，如附图 2-30 所示。

附图 2-30　修改 WiFi 名称和密码

(9) 此时，二级腾达路由器的 IP 段会自动变更为与一级路由器相同。如果想查看管理地址，需在一级路由器用户列表里查看，如附图 2-31 所示。

附图 2-31　路由器 IP 段自动变更

2．小米路由器中继配置

(1) 连接小米路由器并通电，通过有线和无线设置均可，输入 http://miwifi.com 进入配置界面，点击"同意，继续"，如附图 2-32 所示。

附图 2-32　登录配置小米路由器界面

(2) 选择"中继工作模式",如附图 2-33 所示。

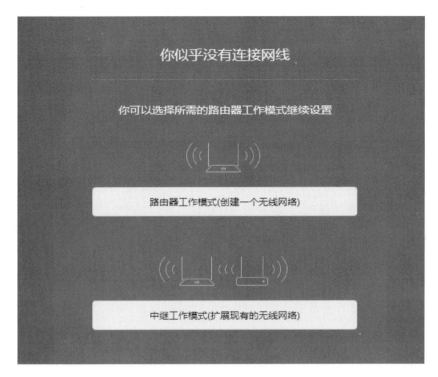

附图 2-33　选择"中继工作模式"

(3) 选择或输入需要中继的无线网络和密码,点击"下一步",如附图 2-34 所示。

附图 2-34　选择或输入需要中继的无线网络和密码

(4) 设置小米路由器的 Wi-Fi 名称和密码,与一级路由器相同。因为中继是 2.4G 信号,所以 2.4G 网络的名称和密码必须和一级路由器的相同,5G 网络的可以随意设置,如附图 2-35 所示。

附图 2-35　设置新的 Wi-Fi 名称和密码

(5) "位置"可以随意填写，需勾选"与 Wi-Fi 密码相同"选项，点击"配置完成"，如附图 2-36 所示。

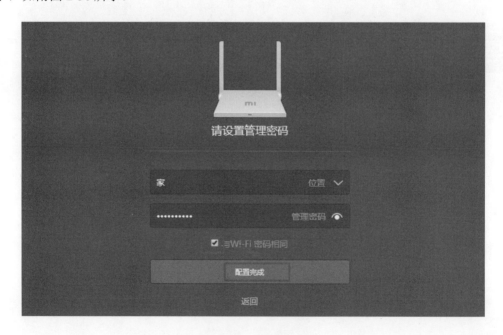

附图 2-36　配置完成

(6) 中继成功，IP 变为与一级路由器同一地址段的 IP 地址，点击"开始上网"并记录下方管理地址，如附图 2-37 所示。

附图 2-37　中继成功

3. 水星路由器无线中继配置

(1) 了解主路由器的 Wi-Fi 密码的加密方式。目前，路由器一般默认为 WAP-PSK/WAP2-PSK 加密。了解主路由器的当前信道，如果主路由器信道设置为自动，请手动配置一个固定信道(1、6 或 13)，建议桥接 2.4G 信号，因为 5G 信号穿墙性能、中继效果差。此时，需确保主路由器 DHCP 打开，一般默认为打开状态。

(2) 恢复水星路由器出厂设置，连接初始无线信号，输入 http://192.168.1.1/，进入设置界面，并设置管理员密码，如附图 2-38 所示。

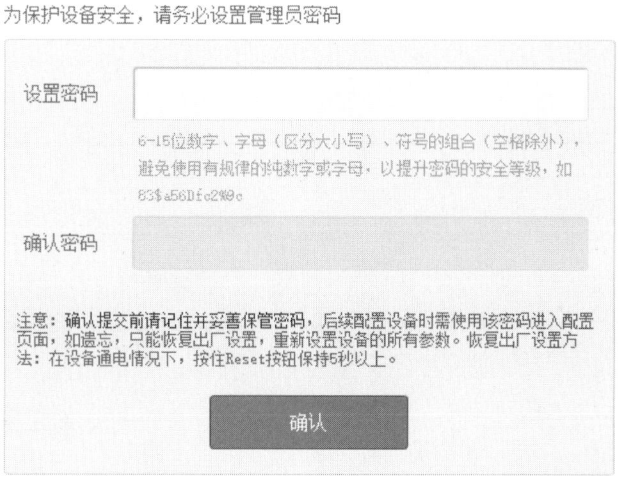

附图 2-38　设置管理员密码

(3) 修改水星路由器 LAN 口 IP 地址，保证与主路由器在同一个 IP 段内，这里我们设为 192.168.0.252，点击"保存"，重启路由器，如附图 2-39 所示。

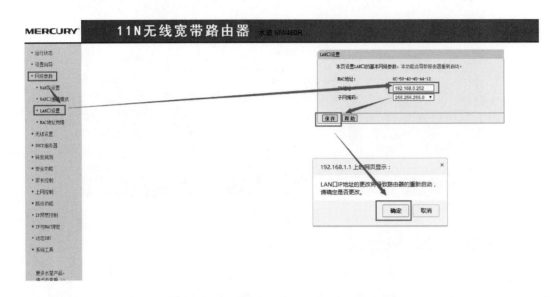

附图 2-39　修改水星路由器 LAN 口 IP 地址

(4) 输入刚才修改后的地址，进入路由器配置界面，如附图 2-40 所示。

附图 2-40　进入路由器配置界面

(5) 关闭水星路由器的 DHCP 功能，如附图 2-41 所示。

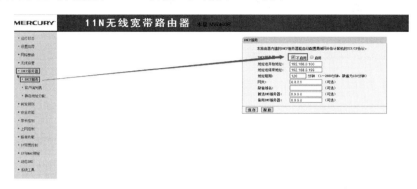

附图 2-41 关闭路由器的 DHCP 功能

(6) 进入"无线设置"，点击"基本设置"，将 SSID 号、信道设置为与主路由器相同，如附图 2-42 所示。

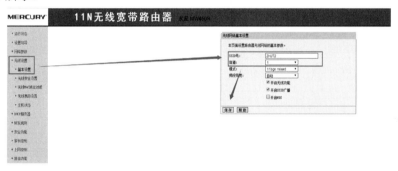

附图 2-42 设置路由器的 SSID 号和信道

(7) 设置密码、加密方式与主路由器相同，密钥更新周期设置为 0，点击"保存"，如附图 2-43 所示。

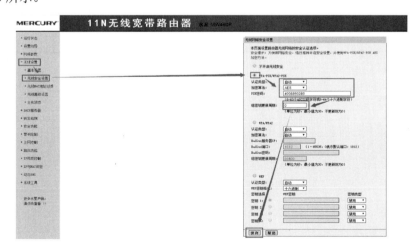

附图 2-43 设置路由器密码和加密方式

(8) 回到基本设置，勾选"开启 WDS"，如附图 2-44 所示。

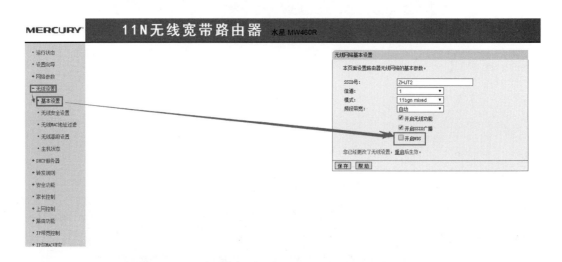

附图 2-44　勾选"开启 WDS"

(9) 点击"扫描"，在弹出的列表里找到主路由器信号，点击"连接"，如附图 2-45 所示。

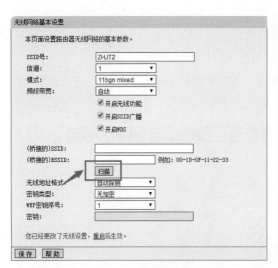

附图 2-45　连接主路由器信号

(10) 输入主路由器密码后，点击"保存"，并重启路由器，重启后 WDS 无缝中继组
网成功，可正常使用，如附图 2-46 所示。

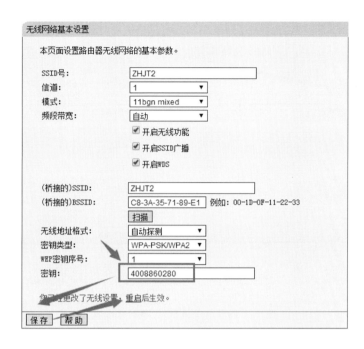

附图 2-46　组网成功

4. 智能固件 TP-LINK 电力猫无线中继设置

(1) 主电力猫通电，有线或无线连接 Wi-Fi 后，输入 http://tplogin.cn/，进入配置界
面，点击"高级设置"，如附图 2-47 所示。

附图 2-47　登录电力猫配置界面

(2) 选择"无线设置",点击"WDS 无线桥接",如附图 2-48 所示。

附图 2-48　选择 WDS 无线桥接设置

(3) 点击"下一步",找到需要中继的一级路由器的 SSID,输入密码进行连接,点击"下一步",如附图 2-49 所示。

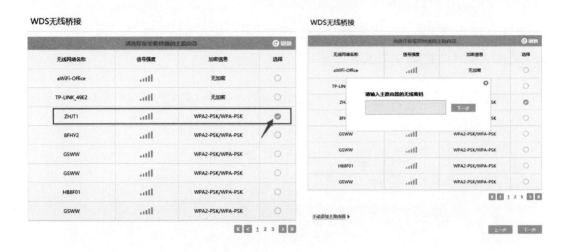

附图 2-49　连接一级路由器

(4) 将 SSID 号改为与主路由器相同,点击"下一步",然后设置电力猫管理地址,即设为同网段的不同 IP,点击"下一步",如附图 2-50 所示。

附图 2-50　修改 SSID 号和电力猫管理地址

(5) 点击"完成",等待连接成功,点击"保存",如附图 2-51 所示。

附图 2-51　连接成功

(6) 关闭本设备的 DHCP 服务,中继成功,点击"保存",如附图 2-52 所示。

附图 2-52　中继成功

四、无线中继器设置操作

1．360 无线扩展器设置

(1) 将 360 无线(WiFi)扩展器通电,扩展器支持三种供电方式,如附图 2-53 所示。

 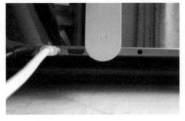 

(a) 插入插线板的 USB 接口或电源适配器上　　(b) 插入电脑的 USB 接口　　(c) 插入移动电源的输出接口

附图 2-53　360WiFi 扩展器的供电方式

(2) 通电后，扩展器的指示灯将会常亮 1 秒钟，然后转入闪烁状态。

(3) 打开电脑的 WiFi 列表，找到名为"360WiFi-Plus-xxx"的 WiFi 名称并连接，如附图 2-54 所示。

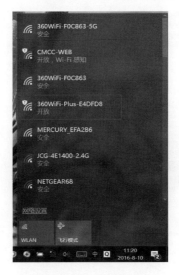

附图 2-54　连接 WiFi

(4) 连接成功后，设备将会自动跳转至扩展器的首次连接设置页面，或在地址栏中输入 luyou.360.cn，点击"开始设置"，如附图 2-55 所示。

附图 2-55　首次连接设置页面

(5) 选择一级路由器的信号作为扩展器的接入点，将 WiFi 名称和 WiFi 密码设置成与一级路由器的一样，如附图 2-56 所示。

附图 2-56　设置 WiFi 名称和密码

(6) 连接完成，如附图 2-57 所示。

附图 2-57　连接完成

2．小米无线放大器配置

(1) 手机扫描附图 2-58 的二维码或搜索应用下载米家 APP。

(2) 将小米放大器连接至 USB 电源，等待设备黄灯匀速闪烁，如附图 2-59 所示。

附图 2-58　米家 APP 的二维码　　　　附图 2-59　小米放大器通电

(3) 打开米家 APP，点击右上角"+"，选择"添加设备"，找到"小米 WiFi 放大器"并添加，如附图 2-60 所示。

附图 2-60　添加小米 WiFi 放大器

(4) 勾选"黄灯闪烁中"，点击"下一步"，进入 WiFi 设置页面，输入主路由器 WiFi 名称和密码，点击"下一步"，如附图 2-61 所示。

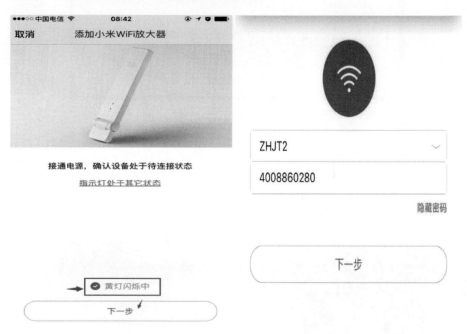

附图 2-61　设置 WiFi 名称和密码

(5) 根据米家提示，连接 xiaomi-repeater_xxx 的 WiFi 信号，回到手机 WiFi 连接界面，选择此 WiFi 进行连接，无密码，如附图 2-62 所示。

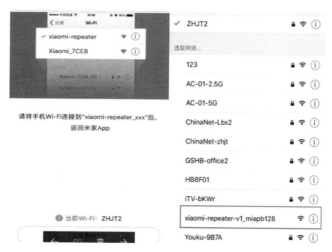

附图 2-62　连接提示的 WiFi

(6) 连接之后，返回米家 APP，设备开始自动匹配。等待匹配成功后，设备指示灯为蓝色常亮即可，然后选择设备所在位置，如附图 2-63 所示。

附图 2-63　连接设备

(7) 最后打开 WiFi 漫游开关，保证 WiFi 名称和密码与主路由器一致即可，完成组网，实现无缝漫游，如附图 2-64 所示。

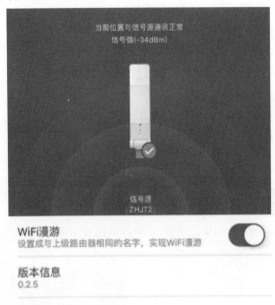

附图 2-64　组网完成

附录 3　e-Link 组网支持的设备清单

智慧家庭 e-Link 智能组网终端列表如下。

序号	厂商	产品名称	产品类型	特性
1	360	360 P1	无线路由器(无线 AP)	单频
2		360 P2	无线路由器(无线 AP)	双频
3		360 P0	无线路由器(无线 AP)	单频
4	华三	Magic B1	无线路由器(无线 AP)	双频
5		B3	无线路由器(无线 AP)	双频，GE 口
6		R200G	无线路由器(无线 AP)	双频，GE 口
7		R2+	无线路由器(无线 AP)	双频
8		R200	无线路由器(无线 AP)	双频
9	中兴	E8810	无线路由器(无线 AP)	双频
10		E8820	无线路由器(无线 AP)	双频，GE 口
11		E8810V2.0	无线路由器(无线 AP)	双频
12		E5560	无线路由器(无线 AP)	单频
13		E5600	无线路由器(无线 AP)	单频
14		E8820 V2.0	无线路由器(无线 AP)	双频，GE 口
15		EA3100	面板式 AP	单频
19	华为	荣耀路由(WS831)	无线路由器(无线 AP)	双频
20		荣耀路由 Pro(WS851)	无线路由器(无线 AP)	双频，GE 口
21		华为路由 A1(WS852)	无线路由器(无线 AP)	双频，GE 口

续表一

序号	厂商	产品名称	产品类型	特性
22	华为	WS826	无线路由器(无线 AP)	双频
23		HiRouter-S1	无线路由器(无线 AP)	单频
24		HiRouter-H1	无线路由器(无线 AP)	双频
25		WS318n	无线路由器(无线 AP)	单频
26		CA8010+CA8011V	同轴 EoC(支持 Wi-Fi)	双频，GE 口
27		PA8010+PA8011V	电力猫(支持 Wi-Fi)	双频，GE 口
28		WA8011V	无线路由器(无线 AP)	双频，GE 口
29		LS2035V	无线路由器(无线 AP)	双频，GE 口
30	腾达	AC6	无线路由器(无线 AP)	双频
31		AC9	无线路由器(无线 AP)	双频，GE 口
32		W6-S	面板式 AP	单频
33		PW3/PA3	电力猫(支持 Wi-Fi)	单频
34	海亿康	HM200W/HS200W	电力猫(支持 Wi-Fi)	单频(1×1 Wi-Fi)
35		HM500W/HS500W	电力猫(支持 Wi-Fi)	单频(1×1 Wi-Fi)
36		HM200WE/HS200WE	电力猫(支持 Wi-Fi)	单频(2×2 Wi-Fi)
37		HM500WE/HS500WE	电力猫(支持 Wi-Fi)	单频(2×2 Wi-Fi)
38	磊科	MG1200AC	无线路由器(无线 AP)	双频，GE 口
39		MF1200AC	无线路由器(无线 AP)	双频
40		POWER 4S	无线路由器(无线 AP)	单频
41		NAP874	面板式 AP	单频
42		NAP872	面板式 AP	单频

续表二

序号	厂 商	产品名称	产品类型	特 性
43	水星	MAC 1200R	无线路由器(无线 AP)	双频
44		MAC 1200R(千兆版)	无线路由器(无线 AP)	双频，GE 口
45		MIAP300P	面板式 AP	单频
46	TP-LINK	TL-WDR6300	无线路由器(无线 AP)	双频
47		TL-WDR6300 千兆版	无线路由器(无线 AP)	双频，GE 口
48		TL-WDR5620	无线路由器(无线 AP)	双频
49		TL-WDR5620 千兆版	无线路由器(无线 AP)	双频，GE 口
50		TL-WDR6500	无线路由器(无线 AP)	双频
51		TL-WDR6500 千兆版	无线路由器(无线 AP)	双频，GE 口
52		TL-WDR7400	无线路由器(无线 AP)	双频
53		TL-WDR7500	无线路由器(无线 AP)	双频，GE 口
54		TL-WR886N	无线路由器(无线 AP)	单频
55		TL-WR886N 千兆版	无线路由器(无线 AP)	双频，GE 口
56		TL-AP450I-POE	面板式 AP	单频
57		TL-AP302I-POE	面板式 AP	单频
58		TL-H29RA&TL-H29EA	电力猫	单频
59	极路由	极商 27	无线路由器(无线 AP)	单频
60		极路由 E30	无线路由器(无线 AP)	双频
61		极路由 B52	无线路由器(无线 AP)	双频，GE 口
62	小米	R3	无线路由器(无线 AP)	双频
63		R3P	无线路由器(无线 AP)	双频，GE 口
64		R3L	无线路由器(无线 AP)	单频

续表三

序号	厂商	产品名称	产品类型	特性
65	小米	R3G	无线路由器(无线 AP)	双频，GE 口
66		R3A	无线路由器(无线 AP)	双频
67		P01	电力猫	单频
68	恒鸿达	HOD-RGL1200B	无线路由器(无线 AP)	双频
69		RL300UC	无线路由器(无线 AP)	单频
70	友华	WR330	无线路由器(无线 AP)	双频
71		WR390	无线路由器(无线 AP)	双频，GE 口
72		WR1200JS	无线路由器(无线 AP)	双频，GE 口
73		WR300JS	无线路由器(无线 AP)	单频
74	上海贝尔	A-040W-P	无线路由器(无线 AP)	双频
75	深圳思谱乐	摩路由 M2	无线路由器(无线 AP)	双频，GE 口
76		摩路由 C1	无线路由器(无线 AP)	双频，GE 口
77	深圳维盟	WAP-2003P	面板式 AP	单频
78		WAP-3006	面板式 AP	单频
79		WAP-3028	面板式 AP	双频
80	瑞斯康达	MSG1500	无线路由器(无线 AP)	双频，GE 口
81	北京华环	HW54	无线路由器(无线 AP)	双频
82		HW24G	无线路由器(无线 AP)	双频，GE 口

附录 4　推荐学习书单

[1]　《计算机网络基础与应用》，国家人力资源和社会保障部、国家工业和信息化部信息专业技术人才知识更新工程"653 工程"指定教材编委会编，中国电力出版社.

[2]　《计算机网络基础》，刘勇、邹广慧著，清华大学出版社出版.

[3]　《网络工程师教程》（全国计算机技术与软件专业技术资格(水平)考试指定用书），雷震甲、严体华、吴晓葵著，清华大学出版社.

[4]　现代通信网络（第 3 版），沈庆国、邹仕祥、陈茂香著，人民邮电出版社.

[5]　《图解物联网》，[日]NTT，DATA 集团，合村雅人，大塚纮史，小林佑辅等著；丁灵译，人民邮电出版社.

[6]　《智慧城市：大数据、物联网和云计算之应用》，杨正洪编著，清华大学出版社.

[7]　《一本书读懂智能家居》，海天电商金融研究中心编著，清华大学出版社.

[8]　《动手搭建智能家居系统》，Othmar Kyas 编著，人民邮电出版社.

参 考 文 献

[1]   中国电子技术标准化研究院. 智慧家庭标准化白皮书，2016.

[2]   中国电子技术标准化研究院. 智能终端与智慧家庭标准化白皮书，2015.

[3]   孙亮，孙平一. 智慧家庭发展趋势及运营商布局策略浅析[J]，邮电设计技术，2015.

[4]   广东省电信规划设计院有限公司. FTTH 工程设计规范，2010.

[5]   通信线路工程设计规范 YD5102-2010.

[6]   中国电信陕西公司. 客户端装维人员上门操作手册，2015.

[7]   吴鹏飞. FTTx 与有线宽带应用场景分析，建材与装饰，2016.

[8]   陈君，张安军，梅仪国. 全业务运营下 FTTx 的应用场景和建设模式探讨[J]，邮电设计技术，2009.

[9]   甘肃万维信息技术有限责任公司. 智能组网实验室设备实操手册 v1.3.

[10] 中国电信智慧家庭服务支撑中心. 中国电信智慧家庭智能组网应用级培训教材.

[11] 甘肃万维信息技术有限责任公司. 智能组网评测客户端与 WiFi 检测仪使用说明.

[12] 孙泽勇. 光纤到户家庭布线[J]，信息通信，2012.

[13] 朱敏玲，李宁. 智能家居发展现状及未来浅析[J]. 电视技术，2015.